반려동물의
이해

■ 오희경 저

박영story

머리말

　최근 우리나라는 저출산, 고령화 현상과 맞물려 1인가구가 급증하면서, 반려동물을 키우는 인구가 빠르게 증가하고 있다. 반려동물 양육인구가 1,500만명을 넘는 추세이고 이는 서너 집 걸러 한 세대가 반려동물과 함께 하고 있는 상황이다. 반려동물 양육이 취미가 아닌 우리나라 사회의 중요한 문화로 자리 잡고 있는 추세이다. 반려동물과 반려인의 정서적 교감을 나누고 더불어 같이 살아가는 우리 삶의 동반자로 살기 위해서는 반려동물에 대한 이해가 절실히 필요하다고 생각된다.

　우리나라 동물보호법에서는 반려동물의 정의는 반려목적으로 기르는 개, 고양이, 토끼 등 농림축산식품부령으로 정하는 동물을 말하며(동물보호법 제2조제7호) 여기에는 가정에서 반려의 목적으로 사육하는 개, 고양이, 햄스터, 기니피그, 페럿, 토끼로(동물보호법 시행규칙 제3조) 명시하고 있다. 하지만 실질적으로는 오리, 앵무새, 도마뱀이나 뱀 등의 파충류, 카나리아나 앵무 등의 조류 등과 함께 더불어 살아가는 동물도 포함된다. 본서는 동물보호법에서 반려동물이라고 규정한 개, 고양이, 햄스터, 기니피그, 페럿, 토끼에 대해 품종 종류, 특성 및 사육관리 등의 기본적인 내용과 이해를 돕기 위한 사진을 포함하여 집필하였다. 따라서 반려동물을 사랑하고 더불어 행복한 생활을 희망하는 반려인들에게 반려동물의 생활과 관리에 대한 지식을 제공하고자 한다. 또한, 2021년부터 시행되고 있는 동물보건사 국가자격증 시험을 준비하고 있는 학생들이 동물보건사로서 갖추어야 할 반려동물에 대한 기본 지식을 습득하는데 도움을 주고자 한다.

반려동물을 기르면서 갖게 되는 기쁨도 있지만 반려인은 반려동물과 함께 하면서 많은 책임도 따른다는 것을 인식하여야 하며 본서를 통하여 반려인, 동물보건사를 희망하는 학생들 및 동물관련 산업 분야 종사자들이 반려동물에 대한 지식, 정보를 겸비한 전문인으로 성장할 수 있는 역할을 기대한다.

본서 출판을 위하여 산파 역할을 해주신 박영사의 김한유 과장님을 비롯하여 직원분들께도 감사의 마음을 드리고 싶다. 앞으로 이 본서를 통하여 동물보건사 분야의 학생들뿐만 아니라 많은 반려인들에게 반려동물과 공존할 수 있는 사회를 구현 하는 역할을 해낼 수 있다면 이 책을 집필하게 된 큰 보람을 가질 수 있을 것으로 생각한다.

2024년 2월
저자 오 희 경

차례

반려견

반려묘

토끼

햄스터

페럿

기니피그

반려견

1. 반려동물의 뜻은 무엇인가요?

최근에 현대사회는 핵가족, 1인 가구, 노령화 증가 등의 가족구조 변화와 삶의 질의 향상에 따라 사람과 함께 생활하는 강아지나 고양이와 같은 동물을 마치 가족처럼 생각하게 되었다. '반려동물'(companion animal)은 사람과 더불어 살면서 교감을 이루는 동물로 사람과 더불어 살아가며 심리적으로 안정감과 친밀감을 주는 가족, 친구, 애인과 같은 뜻에서 '반려동물'이라고 한다.

동물보호법상의 정의는 반려목적으로 기르는 개, 고양이, 토끼 등 농림축산식품부령으로 정하는 동물을 말하며(동물보호법 제2조제7호) 여기에는 가정에서 반려의 목적으로 사육하는 개, 고양이, 햄스터, 기니피그, 페럿, 토끼가 해당된다(동물보호법 시행규칙 제3조). 하지만 실질적으로는 오리, 앵무새, 도마뱀이나 뱀 등의 파충류, 카나리아나 앵무 등의 조류 등과 함께 더불어 살아가는 동물도 포함된다.

국제적으로는 1983년 동물학자인 콘트라 로렌츠(Konrad Lorenz)가 '반려동물'이라는 단어를 처음으로 제안하였으며, '반려동물'이라는 단어를 사용하기 이전에는 '애완동물'(pet animal)이라는 단어를 사용하였다. '애완동물'이란 의미는 인간에게 즐거움을 주기 위해 기르는 동물이라는 의미로 외모가 귀여워 장난감처럼 사람에게 즐거움을 주기 위해 기르는 동물이라는 뜻으로 불렀다. 하지만 최근에는 동물이 사람과 함께 더불어 살아가는 가족, 친구와 같은 존재라는 뜻에서 '반려동물'(companion animal)이라고 한다.

반려견   반려묘   햄스터

기니피그   페럿   토끼

2. 개의 가축화 역사는 얼마나 오래되었나요?

수천년 전부터 일부 야생동물은 인간의 식량 자원이나 의류, 재료로 사용되었다. 인류의 조상들은 야생의 동물들의 여러 특성과 능력을 파악하여 사람의 보호 아래 길들여 가축으로 함께 살게 되면서 야생동물의 가축화가 시작되었다.

개는 인류의 조상이 가장 먼저 길들여 가축화된 동물로서, 고고학적 증거로 이라크의 동굴에 있는 벽화에서 발견된 개 화석을 통해 개가 가축화된 시기는 1만 2천년~3만년 전인 것으로 추정된다. 개를 시작으로 기원전 9,000년경에 양과 염소, 7,000년경에는 소와 돼지, 5,000년경에는 라마, 기원후 1,000년경에는 카나리아, 쥐, 사랑새 등이 가축화된 것으로 추정된다. 기원전 5,000년 전 고대 이집트에서 발견된 벽화들에서 오늘날의 반려견 사육과 유사한 정도로 반려견들을 돌보고 함께 생활한 모습을 볼 수 있다. 가축화된 야생개로서 현재까지 생존하고 있는 딩고(Dingo)는 오스트레일리아 들개라고 하며, 3,500~4,000년 전에 인도네시아 뉴기니 섬 고산지대에 정착하고 이후로 호주로 이동하여 살아 있는 개로서 '개의 화석'이라고 불리고 있다. 딩고는 오랜 세월동안 호주의 거친 환경에 적응하느라 성격이 매우 공격적이고 거칠고, 울부짖는 소리가 일반적 개 짖는 소리와 다른 것이 특징이다.

가장 주된 학설로 지구상의 모든 개의 조상은 동아시아 회색늑대(Gray Wolf)로 추정된다. 개와 늑대의 유전자를 비교한 결과, 중동지역에 사는 늑대가 처음으로 개로 진화한 것이 나타났기 때문이다. 사냥이나 채집생활을 하며 떠돌던 사람들 주위에 먹이를 찾던 늑대가 다가와 가축화된 것으로 예상된다.

개를 가축화 대상으로 삼은 이유는 사람을 잘 따르고 인간보다 100만 배 이상 발달된 후각 및 5배 이상 뛰어난 청각과 질주력을 가지고 있어 사냥 시 보조 역할로서 적합했기 때문이다. 또한, 사람의 생명과 재산을 보호하는 경비의 역할도 하였으며, 오늘날에는 400여 종의 개의 품종을 개발하여 가장 많은 품종을 가진 동물이다.

회색늑대

3. 선사시대, 고대시대 및 중세시대
반려견 문화사에 대해 알아봅시다

선사시대는 반려견에 대한 객관적 증거나 검증될 수 있는 문헌 또는 자료가 존재하지 않는다. 이때의 반려견은 사냥 시 조력자, 상위 포식자의 접근에 대한 경계, 혹은 먹고 남은 음식물 처리의 역할을 했을 것이라 추정된다.

선사시대에 대표적인 반려견으로는 아프간하운드(Afgan Hound) 품종으로 지구상에서 가장 오래된 견종 중 하나이다. 구약성서에 나온 '노아의 방주'에 타고 있었다는 이야기가 있을 만큼 오랜 역사를 가지고 있는 품종이다. 기원전 5천년 경 아프가니스탄에 정착하여 험한 지형에서 영양이나 늑대를 사냥했던 개로, 주인의 지시가 없어도 독자적으로 사냥한다는 특징을 가지고 있다. 수 세기 동안 중동지역에서 왕족, 부족장들이 신분을 상징하는 반려견으로 사육하였다.

풍산개(Poongsan Dog)는 우리나라 구석기와 신석기 시대의 무덤에서 발굴되었다. 풍산개는 북한 양가도 지방을 중심으로 서식해오던 개로서 우리나라 토종개 중 하나이다. 함경남도 풍산지방 고유견으로 백두산의 고산지대에서 화전민들이 사냥할 때 이용하였다. 북한에서는 국가견 1호로 천연기념물로 지정되었으며, 현재 대한민국에서도 풍산개를 사육하고 있다.

다음으로 고대시대에는 로마, 이집트, 그리스 등 국가들의 개인적 저술이나 서적에서 반려견에 대한 내용을 찾아볼 수 있다. 암각화로 새겨진 벽화와 개로 추정되는 유골 등과 같은 간접적인 증거도 존재하며, 이 시대에서 애완견의 역사가 시작되었다. 고대시대에 대표적인 견종은 다음과 같다.

몰티즈(Maltese)는 이탈리아 남부 해안 지방의 몰타섬에서 시작하여 고대시대부터 지금까지 내려온 견종이다. 19세기경 영국의 왕실에 소개되어 왕실과 귀족층의 사랑을 받았다. 말티즈는 머리부터 발끝까지 흰색의 망토를 두르고 있는 것이 특징이나 많은 사람들이 기르기 쉬운 그루밍을 위해 숏커트를 유지한다.

푸들(Poodle)은 고대시대 이집트와 로마의 공예품에는 주인이 게임 네트를 들고 있을 때, 다양한 동물들을 사냥할 때 푸들 조상견들 모습이 그려져 있다. 원종은 독일에서 물에 익숙한 조렵견종으로 정착되어 유래되었다. 조렵견(Water dog)이란 사냥꾼이 총으로 쏴서 떨어진 새를 물고 오거나 물에 올가미를 놓아 잡은 새를 헤엄쳐 회수해 오는 역할을 하는 개를 말한다. 푸들은 현재 프랑스의 국견으로 프랑스를 대표하는 견종이다.

다음으로 중세시대에는 인간이 개가 가진 특성을 이용하게 되어 개는 늑대로부터 받은 기질을 잃게 되고 점차 순화되기 시작했으며 유전학이 발달되어 우수한 형질을 지닌 품종을 대상으로 선택적인 번식이 가능했다. 중세시대에 대표적인 견종은 다음과 같다.

포메라니안(Pomeranian)은 원산지가 독일 스피츠(Spitz)계의 소형종 품종으로 유럽 포메라니아(Pomerania)의 지역명을 따서 품종명이 지어졌다. 저먼 스피츠(German Spitz)로부터 대형종이 개량된 품종이다. 17세기부터 왕실을 중심으로 많은 인기를 누렸으며, 특히 영국 빅토리아 여왕이 포메라니안을 매우 선호하였고 영국의 왕실견이었다.

진돗개(Jindo Dog)는 대한민국 국견으로, 1270년 삼별초의 난이 일어났을 당시 제주도 목장의 군용 말을 지키기 위해 몽골에서 도입했다는 유래가 있다. 원산지가 진도로, 대륙과 격리된 섬이라 순수한 형질 보존이 가능했다. 모색과 무늬에 따라 황구, 백구, 재구, 호구, 네눈박이 등 5종류로 구분하며, 본능적인 사냥능력이 특징이다.

아프간하운드(Afgan Hound)

풍산개(Poongsan Dog)

몰티즈(Maltese)

푸들(Poodle)

포메라니안(Pomeranian)

진돗개(Jindo Dog)

4. 근대시대 및 현대시대 반려견 문화사에 대해 알아봅시다

근대시대는 산업혁명 이후 개의 종류, 크기, 성격의 다양성이 최고조에 달할 시기이다. 체계적인 개 혈통 등록 및 기능의 분할을 통한 체계적 훈련이 정립되었고, 개의 심리 및 행동적 연구의 다양성과 그에 대한 기초가 확립되었다. 근대시대에 대표적인 견종은 다음과 같다.

불독(Bulldog)은 영국 토착견과 마스티프(Mastiff)와의 교배로 만들어진 것이 잉글리시 블도그(English Bulldog)이며, 영국에서 가장 오랜 역사를 가진 품종이다. 투견으로 사용되던 시절에 비해, 현재는 주둥이는 더 들어가고, 몸은 짧고 넓어진 애완견이 되었다.

골든 레트리버(Golden Retriever)는 19세기 중엽 스코틀랜드에서 러시안 목양견과 잉글리시 세터(Englis Setter)를 교배하여 처음 만들어진 품종이나, 물새 사냥 등에 적합한 사냥개를 만들기 위해 아이리시 워터 스패니얼(Irish Water Spaniel) 또는 블러드하운드(Bloodhound) 등의 품종과 교잡하여 현재와 같은 품종이 완성되었다. 또한 현재는 전 세계적으로 가정견으로 최고의 인기를 누리고 있는 견종 중 하나다.

현대시대에는 반려견 훈련에 있어서 획기적이고 비약적인 발전이 있었다. 1차, 2차 세계대전 이후로 사역견 평가 기준이 정립되어 오늘날의 사역견, 탐지견, 군견, 경찰견, 구조견, 치료견으로 분류되었다.

세인트 버나드(Saint Bernard)는 17세기 무렵의 스위스 원산의 품종인 초대형견이다. 흔적이 희미한 알프스 산길을 가는 등산객에게 위험한 곳을 미리 알려주거나 조난당한 등산객의 구조견으로 활약한 것에서 유래되었다. 목에 작은 통을 걸고 있는데 이는 술통으로, 눈 속의 조난자를 구조하는 과정에서 조난자가 이 술을 마시고 몸을 따듯하게 할 수 있도록 보호해준다. 현재는 경비견, 구조견, 안내견 등으로 활동하고 있다.

불독(Bulldog)

골든 레트리버(Golden Retriever)

세인트 버나드(Saint Bernard)

5. 개 품종은 어떻게 분류하나요?

견종 분류기준은 각 나라와 단체마다 차이가 있으며 그룹을 구성하는 품종에도 차이가 있다. 3대 애견 단체로는 영국애견협회(Kennel Club, KC), 미국애견협회(American Kennel Club, AKC), 세계애견연맹(Federation Cynologique Internationale, FCI)이 있다.

영국애견협회(KC)는 1873년에 설립되어 100년 이상의 역사를 자랑하는 세계에서 가장 오래된 애견단체로 205여 견종이 등록되어 있는데 매년 새로운 품종이 추가되고 있다.

미국애견협회(AKC)는 1884년에 설립되었으며, 170여 견종이 등록되어 있고 견종을 개의 특징과 목적에 따라 하운드 그룹, 워킹 그룹, 스포팅 그룹, 테리어 그룹, 토이 그룹, 논스포팅 그룹, 허딩 그룹 총 7개의 그룹으로 분류한다.

세계애견연맹(FCI)은 1911년에 설립된 애견 관련 국제기구로 343여 견종이 등록되어 있고 견종의 외모와 품성에 따라 10개의 그룹으로 분류한다.

한국에는 한국애견협회(KKC)와 한국애견연맹(KKF)과 같은 2대 애견단체가 있다.

미국애견협회(AKC)에서 반려견 품종을 하운드 그룹, 워킹그룹, 스포팅그룹, 테리어그룹, 토이그룹, 논스포팅그룹, 허딩그룹 등 7개 그룹으로 분류하고 있으며 각 그룹의 특징은 다음과 같다.

하운드 그룹(Hound group)은 국가별 환경 조건, 사냥물의 대상에 따라 다르기 때문에 품종이 다양하다. 하운드 그룹은 시각하운드와 후각하운드로 구분이 된다. 시각하운드는 후각보다는 시각에 의존하여 사냥하는 견종으로, 멀고 넓게 볼 수 있는 시각에 의존하여 머리를 높게 들고 빨리 달리는 것이 특징이다. 품종으로는 아프간하운드, 그레이하운드, 살루키, 휘핏 등이 여기에 속해 있다. 후각하운드는 무리사냥을 하며 크고 작은 포유동물을 사냥하는 수렵견이다. 귀가 길고 호기심이 많으며 후각과 지구력이 뛰어나다. 품종으로는 아메리칸 폭스 하운드, 비글, 닥스훈트 등이 여기에 속해 있다.

워킹 그룹(Working group)은 대부분 대형견으로, 튼튼하고 건장한 체격을 지니고 있는 사역견으로 구성되어 있다. 인간의 생명과 재산을 지키는 일과 군용견으로 많이 이용되며 주로 산악지대의 인명구조견, 썰매견, 경비견 등의 임무를 맡고 있다. 품종으로는 복서, 도베르만 핀셔, 그레이트 피레니즈, 로트 와일러 등이 속해 있다.

스포팅 그룹(Sporting group)은 사람과 함께 숲속이나 강에서 사냥하는 조렵견이다. 뛰어난 후각으로 사냥 목표물을 잘 찾아내고, 사냥감의 위치를 독특한 자세로 알려준다. 물새 사냥에는 부적합하며, 숲에서의 사냥능력이 부족하다. 주로 총으로 쏘아 사냥한 새를 물어오는 역할을 수행했으며, 현재에는 마약 탐지견이나 장애인도우미견의 역할을 하고 있다. 품종으로는 골든 레트리버, 래브라도 레트리버, 포인터, 잉글리쉬 세터, 잉글리쉬 코카 스파니엘이 속해 있다.

테리어 그룹(Terrier group)은 영국에서 개량되어 땅속에서 사는 여우나 쥐 등의 동물을 잡는 수렵견으로 이루어져 있다. 농작물에 해를 끼치는 유해동물을 처리하여 일반 농가에 도움을 주고, 16세기 이후에는 귀족들의 사냥에도 참여하였다. 다리가 짧고 체구가 작은 소형견으로, 대담하고 끈질긴 투쟁근성이 있어서 한 번 잡은 사냥감은 놓치지 않는다는 특징이 있다. 품종으로는 불테리어, 미니어쳐 불테리어, 미니어쳐 슈나우저, 스코티쉬 테리어, 젝 러셀 테리어 등이 여기에 속해 있다.

토이 그룹(Toy group)은 장난감처럼 작고 앙증맞으며 크기가 초소형인 애완견으로 이루어져 있다. 가족의 일원으로 누구에게나 귀여움과 사랑을 한 몸에 받는 견종으로서 주인에게 헌신적으로 희생하는 것이 특징이다. 작은 개들만 선택 교배시킨 끝에 태어난 품종으로, 현대인들에게 가장 적합한 소형화된 품종이다. 영리하기 때문에 마냥 귀엽게 받아 주지 않고 훈련시켜야 한다. 몰티즈, 미니어처 핀셔, 파피용, 포메라니안, 시츄 등이 여기에 속해 있다.

논스포팅 그룹(Non-Sporting group)은 다양한 능력이 있지만 다른 그룹에 포함시키기 어려운 실용견으로 이루어져 있다. 특정적인 능력이나 역할은 없지만 훌륭한 동반자 역할을 한다. 성격과 특이한 외모를 가지고 있으며 다른 그룹에 비하여 매우 다양한 생김새, 크기, 털을 가진 광범위한 견종이다. 품종으로는 비숑프리제, 시바이누, 프렌치불독, 샤페이, 달마티안 등이 속해 있다.

허딩 그룹(Herding group)은 양이나 소의 무리를 관리하고 목적에 따라 일정한 방향으로 인도하는 목양견으로 이루어져 있다. 다재다능하고 영리해서 현재는 경찰견, 탐지견, 구조견 등으로 활약하고 있다. 활동량이 많고 운동과 놀이에 정열적으로 행동하며, 양처럼 순하고 수줍음이 많지만 총명하여 명령에 민첩하게 반응한다는 특징을 가지고 있다. 품종으로는 웰시코기, 저먼 셰퍼드 독, 올드 잉글리쉬 쉽독 등이 여기에 속해 있다.

하운드 그룹(Hound group)

아프간하운드
(Afghan Hound)

그레이하운드
(Grey hound)

비글
(Beagle)

워킹 그룹(Working group)

복서
(Boxer)

도베르만 핀셔
(Dobermann Pinscher)

로트 와일러
(Rottweiler)

스포팅 그룹(Sporting group)

골든 레트리버
(Golden Retriever)

래브라도 레트리버
(Labrador Retriever)

테리어 그룹(Terrier group)

불 테리어
(Bull Terrier)

미니어처 슈나우저
(Miniature Schnauzer)

잭 러셀 테리어
(Jack Russell Terrier)

토이 그룹(Toy group)

몰티즈
(Maltese)

파피용
(Papillon)

포메라니안
(Pomeranian)

논스포팅 그룹(Non-Sporting group)

비숑프리제
(Bichon Frise)

프렌치불독
(French Bulldog)

달마티안
(Dalmatian)

허딩 그룹(Herding group)

웰시코기
(Welsh Corgi)

저먼 셰퍼드 독
(German Shepherd)

올드 잉글리쉬 쉽독
(Old English Sheepdog)

6. 하운드 그룹 특징과 대표적인 견종은 무엇인가요?

하운드 그룹(Hound group)은 수렵견으로 시각하운드와 후각하운드로 구성되어 있다. 먼저, 시각하운드에 속해 있는 품종과 그 특성을 알아보도록 하겠다.

아프간하운드(Afghan Hound)는 원산지가 아프가니스탄이고, 체중은 23~27kg 정도이다. 귀족같이 당당하고 우아하지만 늑대, 여우, 영양 등을 사냥하는 사냥견이다. 춥고 차가운 환경에서 두터운 털이 필요하며, 꼬리 끝이 말리고 위로 곤두선 독특한 모양은 덤불 속에서 사는 데 도움을 준다. 높게 고정된 엉덩이뼈는 험한 산속에서도 유연성을 가지고 생활하는 데 도움을 준다. 아프간하운드는 지적이고 독립성이 있으면서 애정적이고 기만한 성질을 가지고 있다.

그레이하운드(Grey Hound)는 원산지가 고대 그리스와 이집트이고, 체중은 27~32kg 정도이다. 기원전 3천년 전, 고대 이집트 벽화 등에서 발견된 역사가 오래된 견종이다. 개 중에서 가장 빠른 품종으로 평균 시속 60km로 경주가 가능하다. 길고 강한 다리, 깊은 가슴, 유연한 척추, 허리 쪽으로 배가 바짝 붙어 있는 특징적인 구조를 가지고 있다.

살루키(Saluki)는 원산지가 중동지역이고, 체중은 18~27kg 정도이다. 이집트 왕조의 개로 이슬람교 성전 코란에 등장하고 있으며, 이슬람교인에게 사랑받아 온 견종이다. 깃털이 달린 듯한 매력적인 꼬리와 허벅지 그리고 귀가 특징적이다. 홀로 송골매, 영양 등을 사냥한다.

휘핏(Whippet)은 원산지가 영국으로, 체중은 6.8~14kg 정도이다. 토끼 등 소형 사냥감을 사냥하는 스냅도그(snap dog)에 이용되었으며 래그 레이싱(rag racing)의 래그도그(rag dog)로 사용된 견종이다. 조용하고 순종적이며, 사람들과 어울리는 것을 좋아하고 다른 개들과도 잘 지낸다. 우아하고 건강한 외모에 빠르고 힘 있게 보이며 균형이 잘 잡힌 체형을 가지고 있어 건강하다. 동작 손실을 최소화하면서 최대한 멀리 나아가며 평균 시속 60km 경주가 가능한 스포츠 하운드이다.

아프간하운드(Afghan Hound)

그레이하운드(Grey Hound)

살루키(Saluki)

휘핏(Whippet)

후각하운드에 속해 있는 대표적인 품종은 다음과 같다.

비글(Beagle)은 원산지가 영국으로, 체중은 7~12kg 정도이다. 산토끼 등 작은 동물의 추적을 목적으로 개량된 견종으로, 사냥을 하는 동안 메아리치는 거위의 울음소리와 유사한 노래로 사냥꾼에게 사냥감의 위치를 알려준다. 타고 난 추적 능력을 가지고 있으며, 사냥개 중 몸집이 제일 작은 몸 크기와 쾌활한 성격을 가져 사냥에 적합하다. 사람을 잘 따르는 성향을 지니고 있으며 유전적으로 문제를 일으키는 건강상의 문제가 적은 품종이다. 애니메이션 '스누피'의 모델로 전 세계에서 유명한 견종이다.

닥스훈트(Dachshund)는 원산지가 독일로, 체중은 5kg 이하, 6~11kg 정도이다. 닥스는 독일어로 건장한 체구에 짧고 흰 다리를 가진 오소리, 훈트는 사냥개라는 의미를 가지고 있다. 짧은 다리와 긴 몸통이 특징적인 견종이다. 주둥이 끝이 매우 가느다란 숫양처럼 생겼으며 크고 기품있는 평평한 귀를 가지고 있다. 앞다리는 짧고, 뒷다리는 근육질이고, 앞발이 유난히 크고 넓어서 땅을 파기에 유리한 형태를 가지고 있다. 굴속에 들어가 숨어있는 사냥감을 뛰쳐나오게 할 수 있을 정도로 작고 용감한 사냥견이다.

바셋 하운드(Basset Hound)는 원산지가 프랑스로, 체중은 20~34kg 정도이다. 허시퍼피라고도 불리며 벨기에의 귀족과 왕족의 사랑을 수 세기에 걸쳐 받았다. 짧은 다리와 긴 허리가 특징이며, 사냥감의 냄새를 추적하여 꼼짝 못하도록 하여 사냥한다. 충분한 운동을 시키지 않으면 비만으로 관절염에 걸리기 쉬우므로 규칙적인 운동이 필요한 견종이다.

비글(Beagle)   닥스훈트(Dachshund)

바셋 하운드(Basset Hound)   바센지(Basenji)

7. 워킹 그룹 특징과 대표적인 견종은 무엇인가요?

워킹 그룹(Working group)은 사역견으로 속해있는 품종과 그 특성을 알아보도록 하겠다.

복서(Boxer)는 원산지가 독일로, 체중은 28~30kg 정도이다. 투견 시 앞발을 들고 싸우는 모습이 권투선수와 닮았다고 하여 복서란 이름이 붙여졌다. 고온이나 저온에 민감해지기 쉬우므로 매우 춥거나 더운 날씨에는 특별한 주의가 필요하다. 날씬하고 건장하기 때문에 여러 가지 일에 적합하여 경비, 경찰 또는 집 지키기 견으로 활동하고 있다.

도베르만 핀셔(Dobermann Pinscher)는 원산지가 독일로, 체중은 30~40kg 정도이다. 독일 루이스 도베르만이 경호견으로 이용하려고 여러 종을 교배해서 만든 품종이다. 단호하고 경계심을 늦추지 않는 성향으로 주인에게 충성을 다하는 품성을 가지고 있다. 수색-구조견, 순찰견이나 경찰견 및 맹인 인도견으로 활약했지만 최근에는 반려견으로도 많이 키우고 있다.

그레이트 피레니즈(Great Pyrenees)는 BC 1000년경 아리안이 유럽으로 이주할 때 이동하여 피레네산맥의 산간지방에서 늑대로부터 가축을 지키거나 썰매를 끄는 데 이용된 사역견이다. 신사적이고 우아하며 자신감이 있는 성품을 가지고 있으며 경호견, 반려견으로 많이 키우고 있다.

로트 와일러(Rottweiler)는 원산지가 독일로, 체중은 45~55kg 정도이다. 이 품종의 조상은 고대 로마의 마스티프(Mastiff)의 일종으로, 군수물자 호위견으로 활동했다. 1900년대부터 경비견 또는 경찰견으로 인정받은 견종이다. 조용하고 자기 확신이 찬 고고함을 가진 품종이지만, 다른 견종과 함께 있을 때 매우 거칠어지며 주인의 가족들을 위압하려는 성향을 가지고 있다. 따라서, 이러한 성향을 억제하기 위해서는 훈련이 반드시 필요하다.

복서(Boxer)

도베르만 핀셔(Dobermann Pinscher)

그레이트 피레니즈(Great Pyrenees)

로트 와일러(Rottweiler)

8. 스포팅 그룹 특징과 대표적인 견종은 무엇인가요?

스포팅 그룹(Sporting group)은 새 사냥을 돕는 조렵견으로, 품종과 그 특성을 알아보도록 하겠다.

골드 레트리버(Golden Retriever)는 원산지가 영국으로, 체중은 27~34kg 정도이다. 물을 좋아하는 본능을 가지고 있으며 물속에 물을 헤치며 수영하는데 편리하도록 몸의 표면에 상모를 가지고 있고, 차가운 기온이나 물속에서 체온을 유지하도록 하모를 가지고 있다.

래브라도 레트리버(Labrador Retriever)는 원산지가 캐나다 래브라도 출신이며, 영국으로 간 뒤 물새 사냥개로 개량되었다. 체중은 25~34kg 정도이다. 17세기 캐나다에서 water dog로 활동할 정도로 물오리 등을 사냥할 수 있는 건실하고 강한 골격을 지녔다. 사냥감을 회수하는 조렵견으로 뛰어난 운동성과 균형 잡힌 구조를 가지고 있다.

포인터(Pointer)는 원산지가 영국으로, 체중은 20~25kg 정도이다. 새 사냥의 위치를 알려주는(point) 품종이다. 털이 짧고 추위에 약해서 물새 사냥에는 부적합하고 세터(Setter)와 함께 최고의 사냥개로 평가받고 있다. 꾸준한 성품과 기민한 센스로 가정과 필드에서 좋은 동반자이다.

골드 레트리버(Golden Retriever)

래브라도 레트리버(Labrador Retriever)

포인터(Pointer)

스패니얼(Spaniel)

9. 테리어 그룹 특징과 대표적인 견종은 무엇인가요?

테리어 그룹(Terrier group)은 땅속에 사는 작은 동물을 잡는 조렵견으로, 품종과 그 특성을 알아보도록 하겠다.

불 테리어(Bull Terrier)는 원산지가 영국으로, 체중은 20~28kg 정도이다. 투견을 만들기 위해 불독(Bulldog)과 화이트 잉글리쉬 테리어(White English Terrier)를 교배시켜 만든 품종이다. 소싸움에 이용되었으나, 현재는 영리하고 쾌활한 성품을 가진 반려견으로 사랑을 받고 있다. 다소 고집스럽고 사나운 성향이 있어 초보자가 가정의 애완견으로 키우는 데는 까다로운 품종이다.

에어데일 테리어(Airedale Terrier)는 원산지가 영국 에어데일로, 체중은 21~27kg 정도이다. 테리어 견종에서 가장 크기가 크며 테리어의 왕이라고도 부른다. 수영이 능숙하여 수달, 수금류를 능숙하게 사냥하는 견종으로, 워터사이드 테리어(Waterside terrier)라고도 한다. 현재는 경찰견, 호신견, 반려견으로 활약하고 있으며 충성심이 강하지만 간혹 사나운 성격을 나타내는 성향이 있어 엄격한 훈련이 필요하다.

미니어처 슈나우저(Miniature Schnauzer)는 원산지가 독일로, 체중은 6~7kg 정도이다. 15세기와 16세기에 독일의 농장에서 쥐나 작은 동물을 잡는 개로 이용되던 견종이다. 주인에게 충성심을 보이고 장난치는 것을 좋아하는 성향을 가지고 있다.

젝 러셀 테리어(Jack Russel Terrier)는 원산지가 영국으로, 체중은 5~8kg 정도이다. 굴 파는데에 능숙하여 쥐잡이 역할을 하였으며, 작고 유연한 가슴을 지녀서 땅속에서 사냥감 추적이 가능했고, 긴 다리를 활용하여 사냥개를 따라 다닐 수 있었다. 사역견으로서 준비성, 기민성과 자신감, 체고와 길이의 균형, 지구력 등과 같은 특성을 가지고 있다.

불 테리어(Bull Terrier)

에어데일 테리어(Airedale Terrier)

미니어쳐 슈나우저(Miniature Schnauzer)

젝 러셀 테리어(Jack Russel Terrier)

10. 토이 그룹 특징과 대표적인 견종은 무엇인가요?

토이 그룹(Toy group)에 속해 있는 품종과 그 특성을 알아보도록 하겠다.

몰티즈(Maltese)는 원산지가 지중해 몰타섬으로, 체중은 0.9~3.6kg 정도이다. 중세시대에 유럽 왕실에서 사랑받은 품종이다. 순백색의 상모만 존재하고 상모 아래쪽에 하모가 없어서 계절적 털갈이를 하지 않는다. 활발하며 작지만 단호한 성격을 보이며, 예민한 성격으로 짖는 일이 많고, 엄격한 훈련을 시키지 않으면 어린아이보다 높은 서열로 인식하려는 경향이 있어 주의가 필요하다.

시츄(Shih Tzu)는 원산지가 티벳으로, 체중은 5.4~6.8kg 정도이다. 사자머리와 같은 머리, 납작한 코, 풍성한 장식털이 있는 꼬리를 가진 장모종으로, 차이니즈 라이언 도그(Chinese Lion Dog)라고도 불린다. 감성이 풍부하고 애교가 많은 견종이다.

파피용(Papilon)은 원산지가 프랑스로, 체중은 3.5~4.5kg 정도이다. '빠삐용'이란 이름은 얼굴과 양쪽 귀의 무늬가 마치 나비가 날개를 펼친 것처럼 보이는 것에 유래되었다. 작은 머리가 둥그렇게 보이며 주둥이는 짧고 끝으로 갈수록 점차 가늘어진 모습을 하고 있다. 유쾌하고 우호적이며 주인의 사랑을 독차지하려는 성향을 가지고 있다.

포메라니안(Pomeranian)은 원산지가 독일로, 체중은 2.0~3.5kg 정도이다. 비록 체구는 작지만 선명한 털색을 가진 스피츠(Spitz)계 기질을 가지고 있다. 등이 짧고 조밀한 밑털과 풍성하고 결감이 거친 겉털을 지니고 있으며, 몸 전체가 아름다운 털로 구성된 모습이 특징이다. 성격은 외향적이고 아주 총명하여 경쟁력 있는 쇼용 도그일 뿐만 아니라 훌륭한 반려견이 될 수 있다.

몰티즈(Maltese)

시츄(Shih Tzu)

파피용(Papilon)

포메라니안(Pomeranian)

11. 논스포팅 그룹 특징과 대표적인 견종은 무엇인가요?

논스포팅 그룹(Non-Sporting group)에 속해 있는 품종과 그 특성을 알아보도록 하겠다.

비숑프리제(Bichon Frise)는 원산지가 프랑스에서 완성되었으며, 체중은 5~10kg 정도이다. 비숑은 장식을 의미, 프리제는 꼬불꼬불한 털을 의미한다. 머리가 풍성한 털로 덮여 있으며, 두부 전체를 둥글게 그루밍해야 해서 전문 그루머의 관리가 필요하다. 성격이 명랑하고 활발한 반면, 독립심이 강해 혼자 있는 시간도 잘 지낸다.

샤페이(Chinese Shar pei)는 원산지가 중국으로, 체중은 18~29kg 정도이다. 몸체에 비해 큰 머리와 쭈글거리는 주름을 가진 외모를 하고 있다. 대담하고 듬직한 성격이나, 다른 개와 함께 있는 것을 싫어하는 성격을 가지고 있다. 태어날 때부터 피부에 주름이 많아 주름 사이에 피부병이 일어나기가 쉽다.

달마티안(Dalmatian)은 원산지가 크로아티아 달마티아이다. 백색 바탕에 검은색 또는 적갈색의 작은 반점이 얼굴을 포함한 몸 전체에 아름답게 배치되어 있는 것이 특징이다. 1961년 디즈니사의 애니메이션 영화 '101마리 달마시안'에 등장한 견종이다.

비숑프리제(Bichon Frise)

샤페이(Chinese Shar pei)

달마티안(Dalmatian)

차우차우(Chowchow)

12. 허딩 그룹 특징과 대표적인 견종은 무엇인가요?

허딩 그룹(Herding group)은 목양견으로, 품종과 그 특성을 알아보도록 하겠다.

저먼 셰퍼드 독(German Shepherd Dog)은 원산지가 독일로, 체중은 26~38kg 정도이다. 독일의 국견으로 지정된 품종이다. 초기에 양치기 개였던 품종이나 군용견의 목적으로 개량해 만들어진 품종이다. 머리가 좋고 대담한 용기가 있으며 책임감이 강하며, 감각이 예민하고 충성심이 있어 훈련이 용이하다. 현재 군용견, 경찰견, 조난 구조견, 사역견 등으로 활동하고 있다.

웰시코기(Welsh Corgi)는 원산지가 영국 웨일스지방으로, 체중은 11~13kg 정도이다. 다리가 매우 짧아서 소 등의 가축들 다리 사이로 이동하기 용이하고, 가축의 뒷발에 잘 차이지 않도록 만들어져 소몰이 개로 이용된 소형견 품종이다. 웰시코기는 2가지 품종으로 나뉜다. 펨브로크(Pembroke) 웰시코기는 목양견으로 사육하였으며, 꼬리가 매우 짧거나 없는 경우가 있는 특징을 가지고 있다. 카디건(Cardigan) 웰시코기는 꼬리가 펨브로크에 비해 길고 두꺼우며 긴 털로 덮여있다. 털의 길이는 중간 정도를 가지고 있다.

올드 잉글리쉬 쉽독(Old English Sheepdog)은 원산지가 영국으로, 체중은 30kg 정도이다. 촘촘히 나 있는 잔털과 현저하게 긴 털로 온몸이 덮여 있어, 얼굴은 코 끝과 입을 벌렸을 때의 혀밖에 보이지 않는 것이 특징이다. 꼬리를 짧게 잘라주어 어떤 방해도 받지 않고 재빨리 회전을 하거나 가축을 모으는 데 큰 도움을 주었다.

저먼 셰퍼드 독(German Shepherd Dog)

웰시코기(Welsh Corgi)

올드 잉글리쉬 쉽독(Old English Sheepdog)

보더콜리(Border Collie)

13. 반려동물 입양 또는 분양을 받기 전에 알아야 할 유의사항은 어떤 것이 있을까요?

반려견을 입양 또는 분양을 받기 전에 알아야 할 유의사항이 몇 가지 있다.

먼저, 반려동물을 입양 또는 분양을 받기 전에 모든 가족 구성원이 동의하고 가족 구성원 모두 알레르기의 유무와 충분한 고민이 필요하며, 개와 고양이의 수명은 약 15년 정도로 키워가면서 질병에 걸릴 수도 있는데 생활 패턴이나 환경이 바뀌어도 책임지고 잘 돌보아 줄 수 있는지 생각해 보아야 한다. 개는 물론이고 고양이도 혼자 있으면 외로워하는 사회적 동물이기 때문에 매일 산책을 시켜주거나 함께 있어 줄 수 있는 시간이 충분한지도 고민해 보아야 한다. 식비, 건강 검진비, 예방접종과 치료비 등 관리비용을 충당할 수 있을 정도의 경제적 여유를 가지고 있어야 한다. 동물의 짖는 소리, 울음소리 등의 소음, 배변 등의 냄새, 털 빠짐 등의 상황과 물거나 할퀼 수 있는 다양한 문제행동을 이해할 수 있는지도 생각해 보아야 한다. 그리고 반려동물의 중성화 수술 및 동물 등록도 고려해야 한다.

반려동물이 예쁘고 귀엽다는 이유 하나만으로 구입하고, 늙고 병들면 귀찮다고 여기는 것은 잘못된 생각이다. 반려동물은 무엇보다도 변함없는 애정으로 주인을 사랑하기 때문이다. 따라서 반려동물이 우리를 대하는 것 같이 반려동물이 늙거나 병들었어도 똑같은 태도로 대하며 친구로서 동료의 일원으로서 여기는 마음의 자세를 가져야 한다.

① 반려동물 입양 및 분양을 위해서 어떤 과정이 필요할까요?

위의 유의사항에 대한 생각이 끝났다면 동물판매업소 및 동물보호센터(유기동물보호센터)에 방문하여 입양을 한다. 동물판매업소에서 반려동물을 분양받을 때는 사후에 문제가 발생할 것을 대비해서 계약서를 받는 것이 좋으며, 특히 반려견을 분양받을 때는 그 동물판매업소가 동물판매업 등록이 되어 있는 곳인지 확인하는 것이 좋다. 건강한 반려동물을 유통시켜 소비자를 보호하기 위해 동물판매업 등록을 한 동물판매업자만 반려동물을 판매할 수 있고, 나중에 분쟁이 발생했을 때 대처하기 쉽기 때문이다. 동물판매업 등록 여부는 영업장 내에 게시된 동물판매업 등록증으로 확인할 수 있다. 만약 동물보호센터에서 반려동물을 입양하려 한다면, 해당 지방자치단체의 조례에서 정하는 일정한 자격요건을 갖추어야 한다.

② 반려동물 분양계약서는 어떻게 작성하는 것일까요?

입양하기로 결정했다면 반려동물 분양계약서를 작성해야 한다. 동물판매업자가 반려동물을 판매할 때에는 반려동물 매매 계약서와 해당 내용을 증명하는 서류를 판매할 때 제공해야 하며 계약서를 영업장 내부에 제공할 의무가 있다.

분양계약서에서 항목은 다음과 같다.

- 동물판매업 등록번호, 업소명, 주소 및 전화번호
- 동물의 출생일자, 판매업자가 입수한 날
- 동물을 생산(수입)한 동물생산(수입)입자 업소명 주소
- 동물의 종류, 품종, 색상 및 판매 시의 특징
- 예방접종, 약물투여 등 수의사의 치료기록 등
- 판매 시의 건강상태와 그 증빙서류
- 판매 동물에게 질병 또는 사망 등 건강상의 문제가 생긴 경우의 처리방법

– 등록된 동물 경우 등록내역

– 판매일 및 판매금액

반려동물이 죽거나 질병에 걸렸을 때 이 분양계약서가 보상 여부를 결정하는데 중요한 자료가 될 수 있으므로 반려동물을 분양받을 때 계약서를 반드시 받아야 하며, 동물판매업소에서 계약서를 제공하지 않았다면 소비자는 반려동물 분양받은 후 7일 이내에 계약서 미교부를 이유로 분양계약을 해제할 수 있다.

③ 반려동물 운송업자의 준수사항은 무엇인가요?

개, 고양이, 토끼 등 가정에서 반려의 목적으로 기르는 동물을 판매하려는 자는 해당 동물을 구매자에게 직접 전달하거나 동물의 운송방법을 준수하는 동물운송업자를 통해서 배송해야 한다.

동물운송업자들은 지켜야 할 사항이 몇 가지가 있다. 운송 중인 동물에게 적합한 사료와 물을 공급하고, 급격한 출발·제동 등으로 충격과 상해를 입지 않도록 해야 하며, 급격한 체온 변화, 호흡곤란 등으로 인한 고통을 최소화할 수 있는 구조로 되어 있어야 한다. 또한, 병든 동물, 어린 동물 또는 임신 중이거나 젖먹이가 딸린 동물을 운송할 때에는 함께 운송 중인 다른 동물에 의하여 상해를 입지 않도록 칸막이의 설치 등 필요한 조치를 해주어야 하며, 동물을 싣고 내리는 과정에서 동물이 들어있는 운송용 우리를 던지거나 떨어뜨려서 동물을 다치게 하면 안 되고, 운송을 위한 전기 몰이도구를 사용하면 안 된다. 이를 위반하여 동물을 운송한 동물운송업자는 100만원 이하의 과태료를 부과 받는다.

④ 반려동물 분양 받은 후 발생한 피해 배상(소비자분쟁해결 기준 별표 II 제29호)

구입 후 15일 내에 폐사할 경우, 같은 종류의 반려동물로 교환 또는 구입가격을 환불 받을 수 있다. 단, 소비자의 중대한 과실로 인해 피해가 발생한 경우엔 배상 요구를 할 수 없다. 구입 후 15일 내에 질병이 발생할 경우, 판매업소가 제반 비용을 부담해서 회복시킨 후 소비자에게 인도해야 한다. 단, 판매업소에서 회복시키는 기간이 30일을 경과하거나 판매업소 관리 중 죽은 경우에는 같은 종류의 반려동물로 교환하거나 구입 가격의 환불을 요구할 수 있다.

14. 반려동물 등록은 어떻게 해야 할까요?

동물등록제도란 등록대상동물의 소유자가 동물의 보호와 유실·유기방지 등을 위하여 시장·군수·구청장·특별자치시장에게 등록대상동물을 등록해야 하는 제도이다. 반려동물을 잃어버리거나 버려진 경우, 동물등록번호를 통해 소유자를 쉽게 확인할 수 있다. 동물등록을 받은 시장·군수·구청장은 동물등록번호의 부여방법에 따라 등록대상동물에 무선전자개체 식별장치를 장착 후 동물등록증(전자적 방식을 포함)을 발급하고, 동물보호관리시스템으로 등록사항을 기록·유지·관리한다.

동물등록제의 대상은 동물의 보호, 유실·유기방지, 질병의 관리, 공중위생상의 위해 방지 등을 위하여 등록이 필요하다고 인정하는 2개월 이상의 개를 말한다. 현재까지는 현행법에서 고양이는 「동물보호법」상 동물등록대상은 아니다. 하지만 농림축산식품부는 2018년 1월 15일부터 고양이 동물등록 시범사업을 실시하고 있다. 소유주의 주민등록 주소지가 고양이 동물등록 시범사업 참여 지방자치단체인 경우 월령에 관계없이 고양이도 동물등록이 가능하다.

동물등록을 하기 위해서는 월령이 2개월 이상인 반려견과 함께 시장·군수·구청장·특별자치시장이 대행업체로 지정한 동물병원, 동물보호센터로 지정받은 기관, 허가를 받은 동물판매업자 등에서 신청서 작성 후 수수료를 납부하고, 동물등록방법 중 하나를 선택하여 등록하면 된다. 동물등록을 하기 위해서는 해당 동물의 소유권을 취득한 날 또는 소유한 동물이 등록대상동물이 된 날부터 30일 이내에 동물등록 신청서를 시장·군수·구청장에게 제출해야 한다. 동물등록 시 신규신고의 경우, 내장형 무선식별장치 삽입과 외장형 무선식별장치 부착 등이 있다. 변경신고는 소유자가 변경된 경우, 소유자의 주소, 전화번호가 변경된 경우, 등록대상동물을 잃어버리거나 죽은 경우, 등록대상동물 분실신고 후 다시 찾은 경우에 가능하다.

자료: 동물보호관리시스템(www.animal.go.kr)

15. 반려견이 환경에 적응하기 위해 견사에 대해 알아봅시다

반려견을 입양하기 전에 반려견이 지낼 환경을 준비해두어야 한다.

실내 견사의 경우, 환기와 햇빛이 잘 드는 조용한 곳에 잠자리를 만들어주고, 침상은 조용하고 안정된 공간에, 가족이 모이기 쉬운 장소 근처에 작게 만들어준다. 주인과 잠자리 공간을 확실히 구분시켜주어야 한다.

잠자리에 수건이나 담요를 깔아주고, 잠자리 옆 배변 용기는 눈에 잘 띄지 않는 곳에 두며, 배변 냄새를 묻힌 신문지를 깔아 놓아 배변을 유도해야 한다. 배변 연습은 입식 때부터 실시하여 대소변을 완전히 가르게 적응시켜주어야 한다.

실외 견사의 경우, 겨울에는 햇볕이 잘 들고, 여름에는 그늘지고 통풍이 잘 되는 곳에 잠자리를 만들어주어야 한다. 가족이 잘 보이는 곳에 견사를 설치하고, 지면에서 5~10cm 정도 높여 습기를 차단해야 한다. 견사 지붕은 쉽게 열고 닫을 수 있는 구조로 되어 있는 것이 적합하다.

실내견사

실외견사

16. 반려견 입식 시 고려사항은 무엇인가요?

강아지를 집에 입식시키는 시간은 새로운 환경에 적응하고 심리적으로 안정감을 찾기 위해 오전이나 한낮의 밝은 오후에 집에 데려오는 것이 좋다. 강아지가 새로운 환경에 적응하도록 하기 위해서는 분양한 곳에서 강아지의 냄새가 묻은 물건을 잠자리에 넣어 주어 갑작스러운 환경 변화에 불안해하는 행동을 억제해줄 수 있다.

견사 주위의 위험한 물건을 치우고 잠자리는 안락함을 느낄 수 있도록 담요나 수건을 깔아 놓는 것이 좋다. 강아지 집에는 설탕이나 꿀을 탄 따뜻한 물을 주어 원기 회복할 수 있도록 해준다.

입식 첫날밤에는 칭얼거리는데, 이를 완화시키는 방법으로 새로운 주인이 안아주거나, 어미 냄새가 남아 있는 깔개 수건, 장난감을 넣어 주어 후각적으로 안정감을 제공해주기, 어미의 심장 소리를 대신하여 탁상시계를 수건에 싸서 넣어 주기 등이 있다.

건강한 강아지는 잠을 잘 자며, 깨어난 다음 배뇨하고 아침을 먹은 후 배변한다. 배변은 황금색으로 알맞은 굵기이며 손으로 집으면 약간 묻는 정도의 점도가 좋다. 배변 횟수는 1일 1회나 2회가 적당하다. 하루 중에 2~4번 정도 잠을 자며 잘 자는 강아지가 건강한 상태이다.

또한, 분양 장소에서 1~2번 정도 먹을 수 있는 양의 사료를 가져오는 것도 환경적응에 도움이 된다. 사료의 전환은 1주일 정도의 시간적 여유를 가지고, 이전에 먹이던 사료보다 새로운 사료의 비율을 점점 많이 섞으면서 전환해야 한다.

담요가 깔려있는 집에서 휴식을 취하고 있는 강아지

17. 반려견 사육관리에 필요한 용품에 대해 알아보자

　　반려견 목걸이는 제어를 위해 사용하는 것으로 합성 가죽이나 가죽, 나일론, 금속제 등으로 만들어진다. 소형견의 목걸이는 부드러운 제품이 좋고, 중형견 또는 대형견의 목걸이는 금속 제품이 적합하다. 목줄은 개를 산책시킬 때 목걸이에 매는 끈으로 헝겊제, 가죽제, 나일론제, 비닐제 등이 있다. 사슬은 개를 매어둘 때 이용하는데, 개의 크기에 알맞은 크기의 사슬을 선택해야 한다. 대형견의 경우 끊어지지 않는 강한 사슬이 좋다.

　　담요는 따뜻하고 세탁이 용이해야 하며, 통기성이 좋아 세탁이 쉬운 면 소재나 폴리에스테르 제품을 사용해야 한다. 소형 개는 수건을 사용하는 것이 좋다. 식기는 밑바닥이 넓어서 안정된 모양으로 어느 정도 무게감이 있고 바닥에 미끄럼 방지용 패드가 부착되어 있는 것이 좋다. 단두종은 구경이 넓고 바닥이 얇은 식기가 적합하고 장두종은 깊이가 깊은 식기가 적합하다. 음수기는 언제라도 물을 마실 수 있는 일정한 장소에 설치하는 것이 좋다.

　　빗은 장모종의 털 손질에 필수적이며, 금속제품이 피부에 상처를 남기지 않는다. 솔은 개 몸에 부착된 먼지, 비듬이나 빠진 털을 제거할 때나 털을 윤기낼 때, 체표 마사지할 때, 혈액순환에 도움을 줄 때 사용한다. 장모종은 솔의 털이 중간 정도의 길이를 가진 것이 좋고, 단모종은 솔의 털이 짧고 부드러운 것이 좋다.

　　강아지의 장난감은 위험성이 없고, 흥미를 유발할 수 있는 것으로 선택해야 한다. 동물성 아교 성분으로 만든 뼈 모양의 먹을 수 있는 장난감, 플라스틱 공 및 봉제인형 등 다양한 종류의 제품이 있다. 간식은 변의 냄새를 완화시켜주는 과자, 햄, 소시지, 고기를 건조시킨 간식까지 다양한 제품이 있다. 기호성은 좋지만 과잉 섭취 시에는 비만을 유발할 가능성이 있으므로 주의해야 한다.

반려견 목걸이

반려견 식기

반려견 빗

반려견 장난감

18. 반려견 기본적인 훈련에 대해 알아보자

　기본적으로 반려동물을 사육할 때, 입식한 강아지가 가족의 일원으로 생활하는 데 신뢰를 쌓는 것은 가장 중요한 요소로 인간사회에 적응하는 데 필요한 요인이다. 이에 관해 반려인의 칭찬과 꾸중에 대한 행동과 언어는 일관성이 있어야 반려동물이 주인을 신뢰한다. 제어와 통제를 위해서 꾸중은 필요하지만, 꾸중보다는 칭찬이 더 효과적이다.

　꾸중과 칭찬은 타이밍이 중요하다. 배변을 하지 않은 곳에 배변을 한 경우나 배변을 하려고 하는 상황에서만 질책이 있어야 잘못된 상황을 인식한다. 좋은 행동 직후에 부드러운 말씨로 몸을 쓰다듬어 주면서 동시에 기호성이 좋은 먹이 등을 이용한 물질적인 보상을 제공하는 것이 좋다.

　배변 훈련의 경우 강아지가 처음 입식했을 때부터 시켜야 한다. 개는 습관적으로 같은 곳에서 배설하려는 습성이 있으므로 처음 배설한 장소를 배변장소로 결정하기 쉽다. 따라서 집에 도착한 개가 안절부절 못하고 배변 동작을 나타내면 바로 안아서 준비된 배설장소로 이동한다. 배변훈련은 끈기 있게 반복하여 길들일 수 있다. 제공해 준 화장실 장소에 배변을 할 경우 간식을 주거나 칭찬을 해주는 등의 행동을 통해 강아지에게 긍정적인 경험을 주어야 한다. 반려견의 화장실의 경우 자주 청소를 해주어 청결히 유지해 주어야 한다.

　사료는 일정한 시간에 일정한 장소에서 동일한 식기를 사용하여 급여함으로써 정해진 곳 외에서는 식사를 하지 않은 것을 훈련시킨다. 가족의 식사 등을 탐내지 않게 등의 효과에도 도움을 준다. 반려동물의 훈육은 가정에 적응할 시간을 충분히 준 후에 훈육에 들어가는 것이 좋다.

보더콜리를 훈련하는 모습

19. 반려견의 배변 훈련과 사료급여 훈련 시 주의사항에 대해 알아 보자

강아지의 배변 훈련은 입식 날부터 실시해야 한다. 배변 장소 인식과 훈련은 강아지 자신의 배변이나 배뇨의 냄새를 신문지에 묻혀 배변기에 놓음으로써 변기에 배변을 유도해야 한다.

배변 용기는 플라스틱 용기로 세척이 쉽고 견고한 것이 적합하다. 용기 안에 신문지 등의 종이나 배변용 패드를 여러 장 깔아 두면 용변을 볼 때마다 하나씩 치우기 편리하다. 배변 용기는 눈에 띄지 않고 조용하면서 침상에서 멀리 떨어지지 않은 일정한 장소에 위치해야 한다.

배변기 이외에 장소에 배설을 하면 강하게 질책하여 잘못을 인식하도록 해야 한다. 다른 장소에 배설한 경우, 배설된 장소를 깨끗이 치우고 소독제나 방향제를 뿌려 냄새를 제거해야 다시 그 자리에 배설하지 않는다.

처음 데려온 강아지에게 사료급여 훈련을 할 경우 기존에 먹던 사료나 음식은 한동안 유지하여 주는 것이 좋다. 사료를 교체해야할 경우 처음에는 기존 사료에 새로 교체할 사료를 조금씩 섞어주어 급여하고 새로 교체할 사료의 비율은 점점 늘리고 기존 사료의 비율은 점점 낮추는 방식으로 교체해주어야 한다.

강아지의 사료는 일정 장소와 일정 시간에 동일한 식그릇에 제공해주어야 한다. 식사를 밥그릇에 넣어놓고 잠시 동안 '기다려', '먹지마', '먹어' 등의 용어와 행동 제어로 인내력을 기를 수 있게 훈련해야 한다. 밥그릇을 이동하거나 흘린 것을 먹으려 하면 잘못됨을 훈육하여 교정해야 한다.

식사는 일정 시간에 제공하고, 15분 이상 지나면 깨끗이 섭취하게 하여 청결을 위해 정해진 시간에만 식사를 하도록 훈련해야 한다. 급식 횟수는 생후 2~3개월에는 4~5회, 4~6개월에는 3~4회, 6~12개월에는 2~3회, 1년 이상이면 1~2회 정도가 좋다. 식욕이 없다고 기호성이 있는 먹이를 급여하면 편식이 생길 수 있으므로 주의해야 한다.

질병에 의한 식욕 저하 등은 수의사의 처방식으로 급식하고, 음수는 항상 마실 수 있도록 신선한 물을 제공해야 한다. 반려견의 밥그릇은 항상 청소를 해주어야 하며 신선하고 깨끗한 물을 상시 제공해주어야 한다. 다만 반려견용 건조식품을 불려서 줄 때는 가능한 한 너무 차갑지 않은 물에 불려준다.

밥을 먹고 있는 강아지

20. 반려견 소화기관은 어떤 특징을 가지고 있을까요?

반려견의 소화기관은 관모양의 구조로, 섭취한 음식물을 소화하여 영양분을 체내에서 흡수하고 나머지는 배설하는 기관이다. 입에서부터 식도, 위, 소장(십이지장, 공장, 회장), 대장(맹장, 결장, 직장) 및 항문으로 이루어져 있다. 구강샘, 간장, 췌장에서 만들어진 소화액은 소화관의 내장에 분비하여 소화를 촉진한다.

입의 기능은 음식물의 섭취이다. 음식물을 삼키기 쉽도록 작은 음식물을 식괴로 잘게 부수는 저작 작용, 점액과 침으로 음식물을 삼키기 쉽도록 하는 윤활 작용이 이루어진다. 혀는 음식물 식괴를 형성하는 데 도움을 준다. 혀를 이용하여 자신들의 털에 침을 발라 체온을 낮추는 데 기여하고, 털을 정돈하는 데 이용하기도 한다.

식도는 인두로부터 위까지 음식을 이동하는 기능을 가진 관이다.

위는 식도로부터 음식물 식괴가 이동하여 음식물을 저장하고 혼합한다. 음식물을 반죽하고 소화액과 혼합시킨다. 위에선 위산(염산, HCl)과 단백질 분해효소인 펩신(pepsin)을 분비하여 단백질 소화과정을 시작한다.

소장은 말타아제(maltase), 슈크라아제(sucrase), 락타아제(lactase), 엔테로키나아제(enterokinase), 리파아제(lipase) 등 각종 소화효소를 분비하여 탄수화물, 단백질, 지질을 소화하는 기관이다. 또한 소장 내 융모는 소화된 영양소를 흡수하는 역할을 한다.

대장은 소장과 달리 점막층에 융모가 없고 소화효소 분비샘이 없다. 대신 점액을 분비하는데 이 점액은 대변을 윤활하여 대장을 잘 통과하도록 도와준다.

간장은 글리코겐(glycogen) 저장과 글리코겐(glycogen) 해당과정을 혈중 당 농도에 따라 조절하며 탄수화물 대사를 한다. 혈장 단백질과 요소를 생성하여 단백질 대사도 하며, 지방산과 글리세롤(glycerol)을 인지질과 콜레스테롤(cholesterol)로 변환하며 지방 대사를 한다. 쓸개즙을 형성하고 노화 적혈구를 분해하며 태아의 새로운 적혈구를 생성하기도 한다. 또한, 철분을 저장하고 독성 물질을 해독하는 기능도 한다.

췌장은 탄수화물, 단백질, 지방의 소화효소를 분비한다. 쓸개즙(담즙)은 지방분해효소(리파아제, lipase)를 활성화시키고 지방 표면적을 넓게 하여 소화를 용이하게 한다.

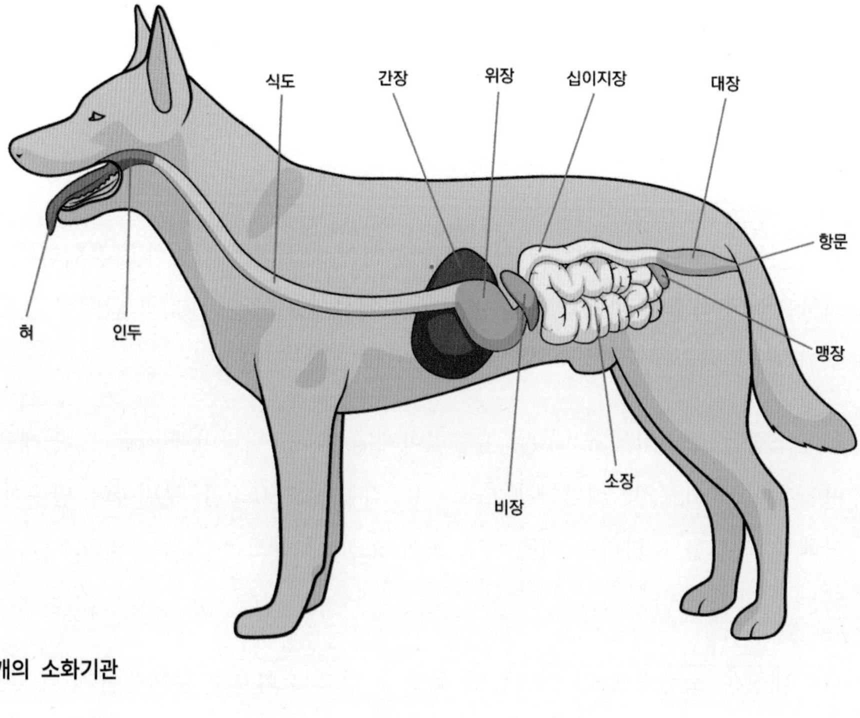

개의 소화기관

21. 6대 영양소 중 하나인 단백질은 무엇인가요?

단백질은 20여 종의 아미노산이 펩타이드(peptide) 결합으로 연결되어 있는 영양소로 세포와 조직을 구성하고 근육을 형성하고 면역 기능에 관여하는 중요한 영양소이다. 단백질은 모든 신체조직의 성장과 유지에 매우 중요하며 특히 성장기와 임신기에는 많은 양의 단백질을 필요로 한다. 또한 단백질은 모든 세포의 구성성분으로 피부, 근육, 털 등을 구성한다. 펫푸드(pet food)에 단백질이 부족하면 개는 성장 불량, 체중 감소, 피부 장애, 면역 기능 이상 등의 증상이 나타난다.

특히 어린 자견, 임신견, 포유견 등에서 단백질 요구량이 높다. 단백질을 구성하는 20여 종의 아미노산 중에서 필수아미노산이라고 불리는 아미노산은 체내에서 합성하지 못하는 아미노산으로 반드시 음식물을 통해 섭취되어야 한다.

개는 10종, 고양이는 11종의 필수아미노산이 필요하고 반드시 음식물을 통해서 공급되어야 한다. 개와 고양이의 필수아미노산 중 공통되는 10개의 아미노산은 페닐알라닌(phenylalanine), 발린(valine), 트립토판(tryptophan), 트레오닌(threonine), 이소루이신(isoleucine), 메티오닌(methionine), 히스티딘(histidine), 아르기니(arginine), 루신(leucine), 라이신(lysine)이다.

고양이는 개와 비교할 때 타우린(taurine)이 필수아미노산으로 추가되어 있고 고양이 사료에는 타우린이 포함되어 있는 것이 특징이다. 반면에, 개는 체내에서 황함유 아미노산으로부터 타우린 합성이 가능하다. 고양이 사료에 타우린이 부족한 경우에는 시력 상실과 심장질환을 발생시킬 수 있다. 식물성 단백질에는 타우린을 함유하지 않고 동물성 단백질 식품에만 타우린이 포함되어 있다. 곡류 같은 식물성 단백질의 소화율은 50%, 동물성 단백질의 소화율은 90%이므로 사료로 공급되는 단백질은 동물성 단백질이 70% 정도가 적당하다.

단백질 급원 식품

| 닭고기 | 소고기 | 연어 |

22. 6대 영양소 중 하나인 탄수화물은 무엇인가요?

사료 내 탄수화물은 소화과정을 통해 단당류인 포도당으로 분해되어 소장에서 흡수되어 에너지원으로 사용된다. 식품 내 포도당은 단순당으로 체내에서 바로 흡수될 수 있으나, 전분과 같은 복합다당류는 소화효소에 의해 먼저 분해 후 체내에서 활용할 수 있다. 개에게서 탄수화물은 좋은 에너지원으로 포도당을 글리코겐의 형태로 체내에 저장하여 이용하나, 탄수화물이 부족할 경우에는 단백질을 이용하여 포도당을 체내에서 합성할 수 있다. 탄수화물을 충분히 섭취하면 단백질의 고유한 기능을 수행할 수 있으며, 임신한 개의 경우 탄수화물 섭취가 부족하게 되면 저혈당이 생기거나 태아가 사망하는 경우가 일어난다.

개는 지질이나 단백질로부터 포도당을 만들어 에너지원으로 이용할 수 있으며, 펫푸드에 넣는 탄수화물은 비교적 소화율이 높은 전분을 이용하고 있다. 섬유소를 분해하는 소화효소가 분비되지 않아 섬유소 소화율은 낮은 경향이 있다. 또한 개의 소장에는 유당분해효소 분비가 부족하여 우유에 풍부한 유당이 분해되지 못하기 때문에 우유를 섭취하면 설사를 유발할 수 있다.

반면에, 사료 내 고탄수화물을 섭취하게 되면 개의 비만을 촉진하게 되므로 주의가 필요하다. 즉 개 사료 내 고탄수화물 섭취는 혈액 속의 혈당을 높여 인슐린 대사에 영향을 미치고, 쉽게 배고픔으로 인해 과도한 사료 섭취가 유발되고 이어져 비만을 유발하게 된다.

탄수화물 급원식품

고구마

쌀

보리   귀리

23. 6대 영양소 중 하나인 지질은 무엇인가요?

지질은 1g당 9kcal 에너지를 생성하는 영양소로 탄수화물과 단백질에 비해 많은 에너지를 제공하게 된다. 지용성 비타민의 흡수를 촉진하고 필수지방산 등 동물의 정상적인 성장과 생명유지에 필수적인 영양소이다. 또한 외부의 물리적인 온도 및 환경변화에 대해 체온을 유지하고 장기를 보호한다. 지질은 사료에 맛과 풍미를 부여하고 탄수화물과 단백질에 비해 위장을 통과하는 속도가 느려서 위에 머무르는 시간이 길어 포만감을 제공한다.

체내에 저장되어 있는 지질은 대부분 중성지질 형태로 존재하며 중성지질은 1개의 글리세롤(glycerol)과 3개의 지방산이 결합되어 있는 트리글리세리드(triglyceride)으로 구성되어 있다. 지방산은 중성지질의 구성성분으로 지방의 특성을 결정짓는 요소이다. 지방산은 지방산의 포화정도에 따라 포화지방산과 불포화지방산으로 분류한다. 포화지방산은 탄소와 탄소사이에 이중결합 없이 단일결합만으로 이루어진 지방산으로 주로 쇠고기, 돼지고기 등의 동물성 식품에 많이 함유되어 있다. 불포화지방산은 분자 구조 내 이중결합이 1개 이상인 지방산을 의미하며 주로 식물성 기름에 많이 함유되어 있다.

상온에서 액체 상태는 지질은 기름(유)이라고 하며 불포화지방산이 많이 포함되어 있으며, 상온에서 고체 상태인 지질은 지방이라고 하며 포화지방산이 많이 포함되어 있다.

동물 체내에서 합성되지 못하여 반드시 음식으로 공급해야 하는 지방산을 필수지방산이라고 하는데, 여기에는 리놀레산(linoleic acid), 리놀렌산(linolenic acid), 아라키돈산(arachidonic acid)으로 구성되어 있다. 개의 경우 아라키돈산

(arachidonic acid)은 다른 지방산으로부터 합성할 수 있어 필수지방산에 포함되지 않는다. 고양이는 아라키돈산(arachidonic acid)을 합성할 수 없어 반드시 먹이로 공급해주어야 한다. 리놀렌산은 개와 고양이 경우 리놀레산으로부터 합성한다.

지질 급원식품

올리브유

포도씨유

소고기

24. 6대 영양소 중 하나인 무기질은 무엇인가요?

무기질은 체내에서는 소량이 필요하지만 신체대사과정에 필수적인 영양소이다. 이는 효소 촉매 반응, 골격 형성, 신경 전달 및 호르몬의 구성성분이며 산-염기 체액 균형의 역할을 유지하는 기능을 한다.

무기질은 서로 연관되어 있어 한 가지 무기질이 과잉 섭취된 경우 이와 연관된 다른 무기질의 결핍이 초래될 수 있다. 무기질 섭취가 부족한 경우에도 각종 결핍증이 발생할 수 있다. 칼슘, 인, 비타민 D는 강아지의 발육에서 골격을 형성하기 위해서 필수적이며 부족하면 발육부진의 원인이 된다.

무기질은 다량무기질과 미량무기질로 분류할 수 있으며 다량무기질은 체내에서 다량으로 존재하며 체내 무기질 함량의 대부분을 차지하는 무기질이다. 다량무기질에는 칼슘, 인, 마그네슘, 나트륨, 칼륨, 염소, 황 등이 포함된다. 미량무기질은 체내에 매우 적은 양으로 존재하는 무기질을 포함하며 매우 소량을 필요로 한다. 미량무기질에는 철, 구리, 아연, 망간, 요오드, 셀레늄 등으로 구성되어있다.

칼슘과 인은 신체 내에서 신진대사에 밀접하게 관여하는 무기질로서, 칼슘의 99%는 뼈에 저장되어 있고 지속적인 흡수 및 침착을 통해 적절한 혈중 칼슘 수준이 유지되고 있다. 또한 인은 뼈의 중요한 구성요소이며, 체내 인의 약 85%는 뼈와 치아에 저장되어 있고 인의 나머지 대부분은 연조직의 유기물질과 결합하여 존재한다. 반려동물 사료의 칼슘 대 인의 권장비율은 1 : 1에서 1 : 2 사이이며 칼슘 : 인 비율이 부적절한 경우 일반적으로 성장하는 동물의 골격 질환이 나타날 수 있다. 따라서 개와 고양이의 사료에 적절한 칼슘 : 인 비율이 유지되도록 식이공급원의 균형을 이루어야 한다.

구리는 철 흡수 및 수송, 헤모글로빈 형성 등 체내 정상적인 기능을 위해 필요한 무기질로서 체내에서 구리의 정상적인 대사는 과잉의 구리가 간을 통과하여 담즙으로 배설하는 것과 관련이 있다.

아연은 신체조직에 존재하는 가장 풍부한 미량 무기질이며 정상적인 탄수화물, 지질, 단백질 및 핵산 대사에 중요하며 미각 및 면역 기능 유지에 관여한다. 개와 고양이에서 아연이 결핍되면 성장지연, 모발 및 피부 상태 이상, 생식능력 장애 등이 나타난다.

무기질 급원식품

달걀   소고기   콩류

25. 6대 영양소 중 하나인 비타민은 무엇인가요?

비타민은 동물에겐 극소량 필요하지만 대부분 체내에서 합성할 수 없기 때문에 음식물을 통해 공급해주어야 하며, 에너지 대사를 도와주는 조효소로 작용하고, 많은 생화학적 반응에 관여한다.

비타민은 수용성 비타민과 지용성 비타민으로 나뉘는데, 물에 녹는 수용성 비타민은 비타민 B 복합체와 비타민 C가 포함된다. 지질에 녹는 지용성 비타민은 비타민 A, D, E, K가 포함된다. 수용성 비타민은 소변을 통해 쉽게 배출되기 때문에 매일 공급해주어야 한다. 하지만 비타민 C의 경우, 개와 고양이에서는 포도당으로부터 전부 합성이 가능하기 때문에 매일 섭취할 필요는 없다. 지용성 비타민은 간과 체지방 조직에 오랜 기간 동안 축적될 수 있으므로 과잉의 지용성 비타민 섭취는 독성으로 작용할 수 있으며 부작용이 나타날 수 있다. 개와 고양이 경우에는 간에서 25-hydroxylase가 부족하여 피부를 햇빛에 노출하여도 콜레스테롤로부터 비타민 D 합성이 어려우므로 사료 내 비타민 D를 충분히 공급해야 한다.

비타민 B_1(티아민)은 포도당 해당과정에서 조효소로 작용하며, 통곡물, 효모 등에 포함되어 있다. 날 생선에는 티아민 분해효소가 많이 포함되어 있으며 날 생선을 다량 섭취하는 경우에는 티아민 분해효소에 의하여 티아민 결핍증이 야기될 수 있다. 특히 고양이는 개보다 티아민 결핍증에 민감하여 티아민 결핍이 일어나지 않도록 티아민을 공급해야 한다.

비타민 B_3(나이아신)은 탄수화물이 분해되는 해당과정, 지질산화과정 등에서 조효소로 작용하며 결핍시에는 펠라그라(pellagra) 증세가 나타나며 이 질병의 주된 증세로는 피부염, 설사, 치매 및 사망이 일어난다. 체내에서 트립토판으로부터 나이아신을 합성할 수 있는 사실이 밝혀지면서 나이아신 결핍증을 쉽게 치료 할 수 있었다. 하지만 고양이 경우 트립토판을 이용하여 나이아신을 합성할 수 없기 때문에 사료를 통해 나이아신을 공급해야 한다.

대부분 상업용 사료만 섭취하는 개와 고양이는 사료에 적절한 비타민이 포함되어 있기 때문에 추가적으로 종합 비타민 보조제를 먹이는 것은 좋지 않다.

비타민 급원식품

단호박   당근   브로콜리

26. 6대 영양소 중 하나인 수분은 무엇인가요?

물은 동물 체중의 50~70%를 구성하고 있다. 강아지의 경우 체성분 중 수분 비율이 약 84~89%, 성견의 경우 60~70% 수준이다. 물은 체내에 가장 중요한 요소로 체내 수분의 10% 정도를 잃을 경우 심각한 질병을 얻을 수 있으며, 15% 이상을 잃으면 사망에 이르기도 한다. 수분의 기능으로는 비열과 증발열이 커서 체온 유지에 유리, 영양소·혈액·노폐물·물질 등 수송, 각 조직 및 신경계의 충격 완화 등에 관여한다. 동물이 마시는 수분은 입, 식도, 위장, 소장, 대장 순으로 흡수되고 수용액 상태로 혈액, 간, 심장, 신장을 거쳐 배설되거나 재순환 과정을 거쳐 흡수된다. 동물이 물을 마시면 위장에서는 부분적으로 흡수되고 소장과 대장에서 80% 정도가 흡수된다.

성견의 경우, 일일 급수량은 체중 1kg당 대략 60~65ml 정도이며 전문가들은 개들이 소량의 물을 2시간마다 꾸준히 마시는 것을 권하고 있다. 물그릇을 한군데에만 두기보다는 여러 군데에 두어 반려견이 물을 더 마실 수 있게 해주면 좋다고 한다.

반려견이 물이 많이 마시는 것뿐만 아니라 깨끗한 물을 마시는 것 또한 중요하다. 물그릇을 자주 씻어주고 물 또한 오래된 물이 아닌 신선한 물로 자주 갈아주면 더욱 건강하게 물을 마실 수 있다.

사료를 섭취하여 수분을 보충할 수 있는데, 건식사료는 수분이 10%가 포함되어 있으므로 습식사료와 비교하여 더 많은 양의 물을 섭취하게 해야 한다.

반려견에게 물을 급여하는 모습

27. 반려견 성장 단계별 사료 급여에 대해 알아봅시다

에너지 요구량에 따라 사료를 분류하면 자견 사료, 성견 사료, 임신기와 수유기 사료, 노견과 환견의 사료로 구분할 수 있다.

① 자견 시기

자견 시기는 성견이 되기 전 생후 약 1세까지의 기간을 말한다. 자견의 성장에 필요한 영양소 양은 성견의 2배 정도가 필요하다. 체중에 비해 많은 양의 사료량을 필요로 하는 반면에, 위장의 크기는 상대적으로 작다. 그래서 충분한 영양소를 함유하고 있고, 채식하기 용이하고, 소화가 잘 되는 성분을 함유한 사료를 급여하는 것이 좋다. 초기에는 하루 4~5회 정도에 걸쳐 사료를 여러 번 나누어 주며, 성장함에 따라서 1회 급여량을 늘리고 횟수를 줄여가는 것이 좋다.

② 성견 시기

성견은 생후 1세 이후부터 7~9세까지이다. 이 시기에는 이유 없이 사료를 거부하는 식욕부진의 양상 등 채식 양상에 변화가 일어난다. 하지만 특별한 문제가 있는 것은 아니므로 안심해도 된다. 이때는 사료의 급여 횟수를 줄이는 시기이며 반려견이 과식 습관을 갖지 않도록 유의해야 한다. 1일에 필요한 영양소가 함유된 사료를 계산하여 1일 1회 또는 2회로 나누어 급여해야 한다. 1회 급여량은 남김없이 섭취하는 양으로 부족한 듯한 상태가 좋다. 대부분 반려견들은 특별한 일을 하는 경우가 없으므로 추가 에너지를 급여할 필요가 없기 때문이다. 또한 영양소의 부족보다 과잉급여에 의한 비만에 주의해야 한다. 겨울철 사육견들은 다른 계절보다 사료량을 증가시켜주고, 여름철에는 물을 충분히 급여해주어야 한다.

③ 임신기 시기

임신 시 임신 5~6주까지는 특별히 많은 양의 사료를 급여하지 않아도 되지만, 임신 7주에는 보통의 급여량보다 15%, 8주에는 30% 정도 증가하여 급여해야 한다. 임신 말기에는 복강 내의 면적이 자궁으로 확대되므로 사료는 몇 차례로 나누어서 급여해주어야 한다. 분만 전후에는 탄수화물 함유량이 높은 사료를 급여하며, 수유기에는 보통 때의 식사량보다 2~4배의 사료량을 제공하여야 한다. 강아지 이유는 한 번에 완전히 모유 수유를 떼지 말고 서서히 해야 한다. 생후 2~3주경부터 이유식과 수유를 함께 하고, 서서히 수유의 양을 줄여가면서 5~6주경 완전히 이유시켜야 한다. 이유 후에는 모견의 사료량을 반 정도로 줄여서 건유시킨 다음, 점차 임신 전 정상 체중으로 조절하기 위한 사료 급여량을 제공해야 한다.

④ 노견 및 환견 시기

노견은 보통 8~10세 이후의 개들을 말한다. 노견은 운동량이 감소하고, 소화기관을 비롯하여 각종 신체기관의 능력이 저하된다. 따라서 저칼로리 사료를 급여하고 급여횟수를 증가시키며 전체 급여량을 감소시켜야 한다. 고영양사료, 저에너지 및 고섬유질의 사료로 급여해야 한다. 또한, 비타민이나 무기질 제공으로 식욕을 촉진시켜주는 것이 좋다.

환견은 습식사료를 추가로 급여해주고, 수의사 처방전에 의한 처방식을 제공해주어야 한다. 당뇨의 경우에는 제한된 탄수화물과 에너지를 급여하고, 신우염일 경우에는 양질의 단백질 사료를 소량 급여하고, 심장병인 경우에는 염분이 적은 사료를 급여해주어야 한다.

28. 사료의 수분함량에 따라 사료를 분류하면 어떤 것들이 있을까요?

수분함량에 따라 상업용 사료를 분류하면 건식사료, 습식사료, 반습식사료로 구분할 수 있다.

건식사료는 수분이 약 10% 정도 함유된 사료로, 시판되고 있는 대부분의 사료에 해당된다. 보관이 유리하고, 건식사료를 씹는 과정에서 마찰로 치석을 예방하는 효과를 얻을 수 있는 장점이 있다. 시중에서 유통되고 있는 건조사료 중에서 대표적인 사료 가공법으로는 익스트루전 사료이며, 이는 사료를 고온과 압력 및 다습상태에서 원료를 팽창시키고 익힘으로써 기호성과 영양소 흡수율을 증가시킨 장점을 가지고 있다. 건조사료 급여 시 연마효과는 개와 고양이의 치석 축적 감소에 도움을 준다. 하지만 저급 건조사료의 경우 식물성 원료를 이용하여 필수아미노산 부족이 일어나고 다양의 섬유소 함량으로 인해 소화율이 낮고 배변량이 증가되는 경향이 있다.

습식사료는 수분이 70~80% 정도 함유된 사료로, 주로 육류를 포함한 캔 형태의 제품이다. 건식사료보다 기호성이 높지만, 고가이며 저장 기간이 짧은 것이 단점이다. 습식사료는 완전하고 균형을 유지하는 사료 및 수의사 처방식과 고기나 부산물을 주원료로 하는 간식 형태가 있다.

반습식사료는 수분이 약 25% 정도 함유된 사료로, 알루미늄 호일 파우치 형태로 밀봉되어 판매하고 있다. 주로 간식으로 이용되는 사료이며 주원료로 당분을 포함한 신선하거나 냉동된 동물의 근조직, 곡류, 지방 등을 포함하고 있다.

건식 사료

습식 사료

29. 사료의 품질에 따라 분류하면 어떤 것들이 있을까요?

사료 품질에 따라 분류하면 유기농 사료(오가닉 사료, organic food), 홀리스틱 사료(holistic food), 프리미엄(premium food), 내추럴 사료(natural food)로 구분할 수 있다.

유기농 사료는 원료의 생산, 재배단계에서 살충제, 화학비료, 농약을 일체 사용하지 않고 보존을 위한 방사선 처리나 GMO(유전자변형농산물)을 이용하지 않은 사료로 최근 각광 받고 있는 사료이다.

홀리스틱 사료는 유기농 사료 원료에 육류 함량이 높고 옥수수, 콩, 밀과 같은 알레르기를 유발할 수 있는 작물을 사용하지 않고 생산된 사료이다.

프리미엄 사료는 전문가에 의해 개발되어 일반사료에 비해 고가인 고급사료로서, 질 좋은 원료를 사용하고 소화율이 우수하다.

내추럴 사료는 방부제와 같은 화학적인 합성성분을 첨가하지 않고 생산된 자연식품이다.

처방식 사료는 비만, 콩팥 질병, 심장 질병, 결석, 고양이 헤어볼 등 특정 질병이나 상태를 호전시킬 목적으로 사용하는 사료이다. 반드시 수의사의 설명과 지시에 따라 처방식 사료를 선택하여 급여해야 한다.

간식은 보조식품으로 상업용 사료를 급여 시에는 간식이 필요하지 않다. 간식은 하루 섭취할 총칼로리의 10% 이내로 제공하는 것이 좋다. 간식 중에서 최근에 인기를 더해가는 제품은 스낵류이며 종류에는 저키류, 껌, 스낵, 수제 음식 등이며 대부분 반려견이나 반려묘에게 간식으로 제공되는 형태이다.

유기농 사료

홀리스틱 사료

간식

30. 반려견에게 급여하면 안 되는 식품은 어떤 것이 있을까요?

반려동물에 급여시 소화생리에 좋지 않은 영향을 주거나 중독을 일으키는 식품들이 있다.

파와 양파는 적혈구를 파괴시켜서 혈뇨, 심한 경우 빈혈로 사망을 일으킬 수 있다. 실수로 파와 양파를 먹었을 경우 초기에 치료를 받으면 안전하게 회복할 수 있다.

초콜릿은 테오브로민(theobromine) 성분이 심박수 증가, 구토 및 설사, 호흡 곤란을 유발하여 심각한 중독증상이 나타난다. 개는 고양이에 비해서 테오브로민에 대해 중독증상이 심하게 일어나며, 고양이는 단맛을 느끼기 힘들어서 초콜릿을 잘 섭취하지 않는다.

소금은 개와 고양이는 땀샘이 적어 땀이 배출되기가 어렵고 과잉의 나트륨 섭취는 건강에 해가 되므로 짠 음식을 제공하지 않도록 한다.

사탕이나 당분이 많은 과자류는 당분이 많아 충치의 원인이 되며 설사나 비만의 원인이 될 수 있다.

날계란은 살모넬라와 같은 세균이 오염되어 있을 수 있으며 설사를 유발할 수 있다.

개와 고양이는 소장 내 유당분해효소의 분비가 적기 때문에 사람이 먹는 우유 및 유제품을 먹게 되면 설사를 일으킬 수 있으므로 개 및 고양이 전용 우유를 공급해주어야 한다.

닭고기의 뼈 등은 매우 날카롭게 잘려서 장을 찔러 출혈과 심한 복통, 천공 등을 유발하고 사망하는 경우도 있다. 주인이 닭고기를 먹고 버린 닭 뼈를 반려견이 집어 먹어 발생하는 경우가 많으므로 개가 닭뼈를 섭취하지 못하도록 각별한 주의를 해야 한다.

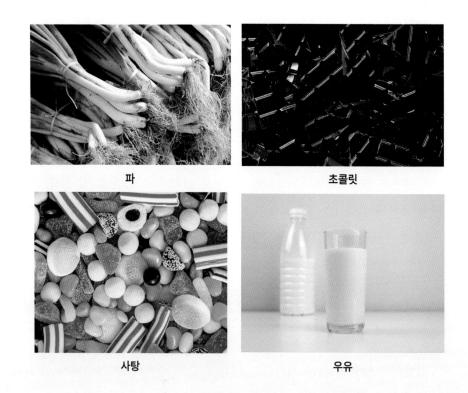

파   초콜릿

사탕   우유

31. 개와 고양이에게 위험한 식물은 무엇인가요?

여러 가지 종류의 실내·실외식물은 개와 고양이를 유해한 독성을 포함하고 있다. 이런 식물을 섭취하였을 때 가벼운 거부 반응이 올 수도 있지만 심각한 거부 반응이 일어나거나 사망을 유발할 수도 있다. 환경 조성을 위해 식물로 공간을 꾸미기 전에 위험한 식물이 포함되어 있지 않은지 확인할 필요가 있다.

① 아스파라거스 고사리

개와 고양이 모두 이 식물을 섭취하면 독성을 일으키고 열매를 먹으면 구토와 설사 복통이 일어날 수도 있다. 이 식물에 지속적으로 노출되면 알레르기성 피부염이 생길 수도 있다.

② 옥수수식물

옥수수나무, 행운목, 드라세나, 리본식물로 불리는 옥수수식물은 개와 고양이에게 모두 독성이 있는 식물이다. 옥수수 식물에는 사포닌이라는 독성 화합물이 함유되어 있는데 섭취할 경우에 구토, 토혈, 식욕 감퇴, 우울증, 유연 증상이 나타나고 고양이의 경우는 동공이 확대되기도 한다.

③ 디펜바키아

개와 고양이 모두가 섭취할 경우, 주로 혀와 입술에 간지럼증 증세가 나타난다. 이는 타액 분비가 증가되고 음식물을 삼키는 데 어려움을 보이며 구토 증세로 이어진다.

④ 백합

많은 종류의 백합은 고양이에게 독성이 있다. 또한, 몇 가지 종류의 백합은 개에게도 독성이 있다고 알려져 있다. 일반적으로 고양이의 증상은 구토, 무기력증, 식욕 감퇴 증상이 일어나지만 빨리 치료하지 않으면 심각한 신장 손상과 죽음에 이를 수 있다.

⑤ 시클라멘

개와 고양이에게 모두 위험한 식물로 풍접초(족두리꽃)로 알려진 아름다운 식물이다. 섭취할 경우, 타액 분비가 증가하고 구토와 설사 증세가 나타난다. 만약 이 식물의 줄기 뿌리를 상당량 섭취할 경우에는 심장 박동에 이상을 보이며 심장 마비와 죽음에 이를 수 있다.

⑥ 몬스테라

무척 흔하고 기르기 쉬운 실내 화초 중의 하나이지만, 개와 고양이가 섭취할 경우에는 입과 혀 입술을 간지럽게 하는 물질이 있어 타액 분비 증가, 구토, 음식물을 삼키는 데 어려움을 보일 수 있다.

⑦ 알로에

알로에는 개와 고양이에게 독성이 있는 식물 중 하나로 섭취 시 구토, 소변이 붉어지는 현상이 나타난다.

⑧ 아이비

실내에서 기르는 흔한 식물이며 잎이 열매보다 독성이 강하다. 섭취 시 설사, 위장 장애, 발열 다음으로 다갈증, 동공 확장, 근육 쇠약, 호흡 곤란 등의 현상을 보인다.

아스파라거스 고사리

옥수수식물

디펜바키아

백합

시클라멘

몬스테라

알로에

아이비

32. 반려견 사료 급여량은 어떻게 계산해야 할까요?

반려견의 건강을 유지하기 위해서는 기초대사량을 기초로 하여 활동에 필요한 영양소의 요구량이 포함된 사료를 급여해야 한다. 같은 품종에서도 체중, 성별, 운동량 등에 따라서 영양소의 요구량이 다르므로 하루에 필요한 에너지 요구량의 허용 범위를 기준으로 급여하는 것이 좋다. 하루에 필요한 에너지 요구량은 체중 1kg을 기준으로 50~110kcal가 필요하다. 반려견의 사료 급여량은 사료회사의 권장량에 따라 계산하여 저울을 이용해 사료의 중량을 측정하여 급여해야 한다.

성장단계 및 활동량에 따른 에너지 요구량을 계산하여 1일 사료급여량을 계산할 수 있다. 1일 사료급여량 계산 공식은 1일 에너지 요구량(DER)을 특정회사가 명시하는 사료 g당 칼로리 수치로 나눈 값이다.

1일 에너지 요구량(Daily energy requirement, DER)은 동물이 일상적인 활동이나 운동을 할 때 소비되는 에너지요구량이다. 활동 및 운동량이 많거나 성장기, 임신 상태의 동물은 정상적인 동물에 비해 더 많은 일일에너지 요구량이 필요하다. 반면에 비만 및 운동량이 적은 동물은 정상적인 동물에 비해 더 적은 일일에너지 요구량이 필요하다.

1일 에너지 요구량(DER)을 구하는 공식은 RER(Resting energy requirement)×factor이다. 개가 활동적인 상태일 경우 factor 수치는 2이다. 고양이가 활동적인 상태일 경우엔 factor 수치는 1.6이다. 고양이는 60×체중(kg)의 공식으로도 1일 에너지 요구량을 계산할 수 있다.

기초대사량(Resting energy requirement, RER)은 정상적인 동물이 체온조절을 위한 에너지 소비가 없는 환경에서 운동이나 활동 없이 편안한 상태에서 소비되는 에너지 요구량이다. 일반적으로 개의 기초대사량(RER) 계산 공식은 30×체중(kg)+70이고, 고양이의 기초대사량 계산 공식은 40×체중(kg)이다.

반려견에게 사료를 급여하는 모습

33. 반려견의 기본적인 사육 관리는 어떻게 해야 할까요?

반려동물을 기르기로 결정하고 입양 또는 분양받았다면, 반려동물을 잘 돌봐서 그 생명과 안전을 보호 하는 한편, 자신의 반려동물로 인해 다른 사람이 피해를 입지 않도록 주의해야 한다. 이를 위해서 반려동물의 소유자와 소유자를 위해 반려동물의 사육·관리 또는 보호에 종사하는 사람은 다음과 같은 내용을 지키도록 노력해야 한다.

동물의 소유자 등은 동물을 사육·관리할 때에 동물의 생명과 그 안전을 보호하고 복지를 증진시켜야 한다. 동물이 갈증·배고픔, 영양불량, 불편함, 통증·부상·질병, 두려움과 정상적으로 행동할 수 없는 것으로 인하여 고통을 받지 않도록 노력해야 한다. 그리고 최대한 반려동물 본래의 습성에 가깝게 사육·관리하고, 동물의 보호와 복지에 책임감을 가져야 한다. 전염병을 예방하기 위하여 정기적으로 반려동물의 특성에 따른 예방접종 실시해야 한다. 또, 개는 분기마다 1회씩 구충해야 한다.

동물에게 질병(골절 등 상해를 포함함)이 발생한 경우, 신속하게 수의학적 처지를 제공해야 하며, 목줄을 사용하여 동물을 사육하는 경우, 목줄에 묶이거나 목이 조이는 등으로 인한 상해를 입지 않도록 해야 한다. 동물의 영양이 부족하지 않도록 사료 등 동물에게 적합한 사료와 깨끗한 물을 공급해주어야 하며, 사료와 물을 주기 위한 설비 및 휴식공간은 분변, 오물 등을 수시로 제거하고 청결하게 관리해주어야 한다. 그리고 동물의 행동에 불편함이 없도록 털과 발톱을 적절하게 관리해주어야 한다.

반려 목적으로 기르는 개, 고양이, 토끼, 페럿, 기니피그 및 햄스터는 반려동물 최소한의 사육공간을 제공하는 등 다음과 같은 사육·관리 의무를 준수해야 한다.

사육공간의 위치는 차량, 구조물 등으로 인한 안전사고가 발생할 위험이 없는 곳에 마련해야 하고, 사육공간의 바닥은 망 등 동물의 발이 빠질 수 있는 재질로 하지 않아야 한다. 사육공간은 동물이 자연스러운 자세로 일어나거나 눕거나 움직이는 등의 일상적인 동작을 하는 데에 지장이 없도록 제공하여야 한다. 사육공간은 가로 및 세로는 각각 사육하는 동물의 몸길이(동물의 코부터 꼬리까지의 길이를 말함)의 2.5배 및 2배 이상이어야 한다. 이 경우, 하나의 사육공간에서 사육하는 동물이 2마리 이상일 경우에는 마리당 해당 기준을 충족해야 한다. 높이는 동물이 뒷발로 일어섰을 때 머리가 닿지 않는 높이 이상이어야 한다. 동물이 실외에서 사육하는 경우, 사육공간 내에 더위, 추위, 눈, 비 및 직사광선 등을 피할 수 있는 휴식공간을 제공해야 한다.

목줄을 사용하여 동물을 사육하는 경우, 2m 이상(해당 동물의 안전이나 사람 또는 다른 동물에 대한 위해를 방지하기 위해 불가피한 경우는 제외)으로 하되, 목줄의 길이는 동물의 사육공간을 제한하지 않는 길이로 해야 한다.

34. 맹견 사육 시 어떤 주의사항이 있을까요?

우리나라 동물보호법에서는 맹견을 사람의 생명이나 신체 또는 동물에 위해를 가할 우려가 있는 개로 명시하고 있으며, 해당되는 품종은 도사견, 핏불 테리어(Pit Bull Terrier), 아메리칸 스태포드셔 테리어(American Staffordshire Terrier), 스태퍼드셔 불테리어(Staffordshire Bull Terrier) 및 로트와일러(Rottweiler)와 각각 그 잡종의 개다.

맹견을 사육하는 경우, 몇 가지 준수사항이 있다.

맹견 소유자는 소유자 없이 맹견을 기르는 곳에서 벗어나지 않아야 한다. 3개월 이상인 맹견을 동반하고 외출 할 경우에는 목줄과 함께 맹견이 호흡 또는 체온조절을 하거나 물을 마시는 데 지장이 없는 범위에서 사람에 대한 공격을 효과적으로 차단할 수 있는 크기의 입마개 등 안전장치를 하거나 맹견의 탈출을 방지할 수 있는 적정한 이동장치를 해야 한다. 맹견 출입 제한 장소에는 어린이집, 유치원, 초등학교 및 특수학교, 그 밖에 불특정 다수인이 이용하는 장소로서 시·도의 조례로 정하는 장소 등이 해당된다. 맹견 격리조치 등 특별시장·광역시장·도지사 및 특별자치도지사·특별자치시장과 시장·군수·구청장은 맹견이 사람에게 신체적 피해를 주는 경우 소유자 등의 동의 없이 맹견에 대하여 격리조치 등 필요한 조치를 취할 수 있다.

맹견 소유자는 교육을 받아야 하는데, 맹견의 소유권을 최초로 취득한 소유자의 신규교육은 소유권을 취득한 날로부터 6개월 이내에 3시간 받아야 한다. 그 외 맹견 소유자들은 매년 3시간 동안 정규교육을 받아야 한다. 또한, 맹견 소유자는 맹견으로 인한 다른 사람의 생명, 신체나 재산상의 피해를 보상하기 위해 2021년부터 맹견배상책임보험 또는 이와 같은 내용이 포함된 책임보험에 의무적으로 가입해야 한다.

핏불 테리어(America Pit Bull Terrier)

로트와일러(Rottweiler)

아메리칸 스태포드셔 테리어
(American Staffordshire Terrier)

스태퍼드셔 불 테리어
(Staffordshire Bull Terrier)

도사견(土佐犬)

35. 반려견과 외출 시에 필요한 물건은 어떤 것이 있을까요?

반려견과 외출 시 챙겨야 할 준비물은 등록한 동물에 한해서 소유자의 성명, 전화번호, 동물등록번호가 표시된 인식표, 목줄, 공중위생을 위한 배변봉투, 물통이 있다. 물통은 반려견의 식수로도 사용하지만 소변 본 자리에 뿌려주는 에티켓을 지키기 위해 필요하다.

반려견의 분실을 방지하기 위해 인식표를 반려견에게 부착해야 한다. 인식표가 없이 돌아다니는 개를 발견하면 유기된 것으로 간주해 동물보호시설로 옮기는 등의 조치가 취해질 수 있기 때문이다. 등록대상동물을 기르는 곳에서 벗어나는 경우(외출시)에는 마이크로칩 삽입 부착여부와 상관없이 소유자의 성명, 전화번호, 동물등록번호가 표시된 인식표를 부착해야 한다.

소유자와 소유자를 위해 반려동물의 사육·관리 또는 보호에 종사하는 사람이 반려견을 동반하고 외출하는 경우 길이가 2m 이하인 목줄 또는 가슴줄을 하거나 이동장치를 사용하여야 한다. 목줄 또는 가슴줄은 해당 동물을 효과적으로 통제할 수 있고, 다른 사람에게 위해를 주지 않는 범위의 길이여야 한다. 다만 소유자등이 3개월 미만인 등록대상동물을 직접 안아서 외출하는 경우에는 목줄, 가슴줄 또는 이동장치를 하지 않을 수 있다.

반려견과 외출 시 공중위생을 위해 배설물, 소변의 경우에는 공동주택의 엘리베이터·계단 등 건물 내부의 공용공간 및 평상·의자 등 사람이 눕거나 앉을 수 있는 기구 위의 것으로 한정하여 발생하면 바로 수거해야 한다.

목줄을 하고 산책하는 모습

36. 반려견의 질병 증세에 대해 알아보자

반려견에게 질병이 생겼을 경우, 다양한 증상이 나타날 수 있다. 외관적으로 원기가 없고 행동이 둔해지는 경우, 민감해지고 눈은 완전히 뜨지 못하는 경우, 머리를 내리는 모습을 보이는 경우, 주변의 움직임이나 변화에 대해 주의를 기울이지 못하고 방관하는 경우, 막연하게 서 있는 경우가 보일 수 있다.

공통적인 증세로는 식욕 변화, 체온 변화, 맥박수 변화, 호흡수 변화, 구토가 있다. 식욕감퇴의 경우, 특히 소화기 질병, 급성의 질병, 고열, 치아의 질환 등을 의심해 볼 수 있고, 식욕 증진은 내부기생충 감염, 식분증, 이식증의 경우에 나타난다.

건강한 반려견의 체온은 38.3~38.7℃이고, 건강한 반려묘의 체온은 38.0~38.5℃인데 대부분의 감염증, 열사병, 경련, 동통이나 흥분의 경우 체온 상승 증세가 나타날 수 있고, 쇼크, 순환 허탈, 긴급 분만 등의 경우에 저체온이 나타날 수 있다.

발열, 저산소증, 동통, 공포를 느낄 경우에 맥박수가 증가하고, 무의식 상태, 마취 상태, 쇠약 질환일 때 맥박수가 감소한다. 개는 대퇴동맥, 발가락 사이 동맥, 꼬리 동맥, 혀 동맥에서 맥박수를 측정할 수 있다.

호흡수는 1분 동안에 호기 또는 흡기로 정확하게 측정할 수 있다. 비정상적인 호흡은 과잉으로 급속한 호흡과 빠르고 얕은 호흡을 예로 들 수 있다. 발열, 운동, 동통, 중독증상이 나타날 경우 호흡수가 증가한다.

구토는 독물이나 부패된 음식 섭취한 경우, 플라스틱이나 돌멩이 같은 이물질 섭취한 경우에 나타날 수 있으며, 당뇨병, 신장염, 췌장염, 자궁축농증 및 바이러스성 질환, 내부 기생충 감염 시에도 나타날 수 있다.

무기력해 보이는 개

37. 반려견의 주요 전염성 질병에 대해 알아보자

반려견의 주요 전염성 질병에는 7가지가 있다.

먼저, **광견병**은 치사율 100%에 가까운 인수공통 바이러스 감염증으로 감염된 동물의 타액으로부터 교상 등으로 인한 감염 또는 비말로 감염될 수 있다. 광견병의 증상에는 식욕부진, 불안, 거동 이상, 다량의 침 분비, 공격적 광폭성, 인후두근 마비로 비정상적인 울음소리가 있다.

파보바이러스 감염증은 생후 2~3개월의 어린 개에서 빈번하게 발생하는 질병으로 초기 적절한 치료가 늦어지면 높은 사망률을 나타낸다. 매우 높은 전염율을 나타내며 개 콜레라로 불리기도 한다. 파보바이러스 감염증의 증상에는 지속적인 구토와 설사, 심한 경우 특유의 악취와 혈액 형태의 설사, 치명적인 장염, 백혈구 감소증, 탈수로 인해 사망이 있다.

디스템퍼 감염증은 급성 고열 바이러스성 질환으로 개홍역으로도 불린다. 면역력이 약한 1세 미만 특히 3~6개월령의 어린 개에서 발생이 많다. 발병 초기에는 감기와 비슷한 증상이 나타나지만 이후 고열, 기침과 설사는 물론, 뇌신경에 침입하여 전신경련을 일으키는 무서운 질환이다.

코로나바이러스성 장염은 파보바이러스 감염증과 유사하다. 어린 개에서 감염되면 증상이 심하게 나타나고 돌연사하는 경우도 있다. 주로 설사와 구토가 증상인 위장염을 일으키는 바이러스성 질병으로 전염력이 대단히 강하기 때문에 단기간에 집단으로 사육하는 모든 사육견이 감염될 수 있다.

전염성 간염은 아데노바이러스(adenovirus)에 의해서 유발되며, 개과의 동물만 감염된다. 1세 이하의 개는 감염률과 치사율이 높으며, 성견은 병든 개의 배설물에 접촉하여 경구 감염이 될 수 있다. 전염성 간염의 증상엔 갑작스런 복통과 고열, 피 섞인 대변 등의 증상이 있으며 경중 증상의 경우, 약간의 식욕저하, 발열 및 콧물 증상이 나타나고, 돌연치사형 증상의 경우 24시간 이내에 사망한다. 전염성 간염은 회복되더라도 신장에 바이러스를 보유하여 오랜 기간 보균제 역할을 한다.

인플루엔자 감염증은 상부 호흡기에 감염되어 기침, 발열, 점액농성 콧물 등의 호흡기 증상을 보이며, 심한 경우 폐렴으로 진행될 수 있다.

파라인플루엔자 감염증은 건강한 성견에서는 경미한 호흡기 감염이지만, 강아지와 쇠약해진 개에서는 심각한 질병을 일으킨다. 증상은 열과 콧물, 편도선이 부어오르고 거칠고 마른 기침이 있다.

38. 반려견의 내부기생충 감염증에 대해 알아보자

개의 내부기생충 감염은 숙주의 소화관, 복강 등 몸의 내부에 기생하는 기생충인데 사람에게도 감염이 될 수 있으므로 개뿐만 아니라 사람도 정기적으로 구충을 실시해야 한다.

회충은 생후 1년 이내의 개에 특히 많이 발생한다. 강아지의 경우, 발육이 불량하고 털이 거칠고 야윔, 구토, 설사, 장폐쇄 등의 증상이 발생하고, 폐렴 증상이 나타날 수 있다. 고양이회충에 의해서도 마찬가지의 증세가 일어나는 것으로 알려져 있다. 개회충의 알을 사람이 삼키면 그 유충이 장벽에 침입하여 장, 간, 신장 등에서 염증성 반응을 일으킬 수가 있다. 회충은 임신 전 모견에 반드시 구충제를 투여하여 예방할 수 있다.

조충은 일명 촌충이라고도 하며, 소장에 기생하여 질병을 유발한다. 사람에게도 감염될 수 있으며 성충은 50cm이다. 성장 불량, 거칠어진 피모, 설사와 구토의 증상이 나타나며, 조충을 매개하는 중간숙주인 벼룩을 구제함으로써 예방할 수 있다.

심장사상충은 개 심장의 우심실이나 폐동맥 등 맥관에 기생하는 선충으로 모기를 중간숙주로 하는 사상충이 개에 감염되어 호흡계와 순환계 장애를 일으킨다. 초기 6개월에는 증상이 거의 나타나지 않고 기침, 폐복수, 탈모증, 가려움증, 급성 폐 내출혈, 부종, 아침, 저녁 및 운동 후에 발작성 기침 증세가 특징이다.

톡소플라스마는 원래 고양이의 기생충이지만 현재에는 개와 사람을 포함한 포유동물이 중간숙주이다. 고양이의 장내에 기생하는 톡소플라스마는 단기간 많은 알을 체외로 방출하여 이들 알이 개 등의 중간숙주에게 경구 감염되면 체내에서 부화되어 조직 내로 침입한다. 개는 톡소플라스마가 감염되더라도 특별한 임상증상은 나타나지 않지만, 증상이 심한 경우에는 근육의 약화, 호흡곤란이 나타날 수 있다.

강아지에게 약을 먹이는 모습

39. 개의 외부기생충 감염증에 대해 알아보자

외부기생충은 피모 속 또는 피부에 붙어사는 기생충을 말하며, 벼룩, 진드기, 이, 귀진드기 등이 있다.

벼룩은 알레르기성 피부병, 포도상구균 등 세균을 매개하는 외부기생충으로 찌르고 빨기에 알맞게 변형된 구기에 비늘이 있는 빨대가 있어 수월하게 피부를 찌르고 숙주의 조직에 견고하게 달라붙을 수 있다. 온도 20~27℃, 습도 70~90%로 환경조건이 좋으면 14개월 동안 생존이 가능하며 아파트 등의 중앙난방 조건, 거실의 카펫 등에 서식하기 적합하다. 개의 목이나 복부에서 짙은 갈색의 작은 반점의 흔적으로 확인할 수 있다. 벼룩은 살충용 샴푸, 벼룩 스프레이를 이용하여 예방할 수 있다.

진드기는 진드기에 의한 전염성 피부염으로 사람에게도 전염이 가능하다. 그리고 흡혈진드기는 동물의 피나 식물의 즙을 빨아먹으며 세포조직을 먹기도 한다. 사람, 개, 소, 말 등의 피부를 뚫고 들어가 피부에 가려움과 딱지, 부스럼 등을 발생시키고 피부로부터 흡혈하는 기생충으로서 개를 산만하게 하거나 제2의 피부감염의 원인이 될 수 있다. 개는 풀숲이나 잔디밭 및 놀이터 등의 모래바닥에서 진드기에 감염이 가능하다. 성충을 제거하기 위해서는 소독용 알코올 또는 진드기 스프레이를 충분히 뿌려주어야 한다.

이는 동물의 외부에 기생하는 흡혈곤충으로 사람, 개, 가축 등에 기생하여 피해를 주며 일부는 전염병을 매개하기도 한다. 유충은 성충과 마찬가지로 흡혈성이다. 성충의 수명은 보통 30~50일로 그 사이에 흡혈하고 교미하고 산란하며, 알은 숙주의 피모 등에 한 알씩 낳으며 빛깔은 광택이 나는 백색 또는 유백색이다. 머릿니는 사람의 불결한 머리털에 기생하는 데 알은 머리털의 기부 근처에 분비물을 분비하고 고착한다.

귀진드기는 개, 고양이 등의 외이도에 기생하며 극심한 과민반응을 유발하는 기생충이다. 피부에 구멍을 파고 체액을 흡인하는 것이 아니라 표피층을 섭취하며 피부의 표면에 기생한다. 귀진드기는 품종이나 나이에 관계없이 발생하지만 어린 개에서 특히 자주 발견된다. 외이도의 심한 염증을 유발하기 때문에 귀지, 가피 등은 자극을 주지 않고 제거해주는 것이 중요하다. 귀진드기는 감염 소인을 제거, 특히 친자간의 위생관리를 철저히 하여 예방할 수 있고, 귀진드기용 살충제와 미네랄 오일을 적당히 혼합해 사용하여 구제할 수 있다.

사상균은 피부 각질층과 피모, 발톱에 곰팡이인 사상균이 감염되어 생기는 피부질환을 일으키는 균으로서 탈모와 피모의 단열이 원형으로 나타나며 점차 확대되는 증상을 가지고 있다. 조기에 발견하여 격리하여 예방하고, 완전히 치료하지 않으면 보균 상태로 재발 또는 다른 개체에게 전염시킬 수 있기 때문에 주의하여야 한다.

개가 몸을 긁고 있는 모습

40. 반려견의 생식기관의 종류와 기능에 대해 알아보자

번식은 종족 보존을 위한 중요한 기능이다. 암컷은 발정, 교배, 임신, 분만 및 이유과정을 통해 번식 기능을 하고, 수컷은 교미 행동, 사정 행동 등의 과정을 통해 번식 기능을 한다. 암컷에서는 난자의 발육과 발정호르몬을 분비하는 난소가 주된 생식샘이고, 수컷에서는 정자의 생산과 웅성호르몬을 분비하는 정소가 주된 생식샘이다. 번식 조절은 시상하부 – 뇌하수체 – 성선으로 이루어지는 내분비조절에 의해 이루어진다.

① 수컷의 생식기관엔 고환(정소), 부고환(정소상체), 정관, 전립샘, 음경이 있다.

고환은 정소라고도 불리며, 서해부의 좌우 한 쌍으로 원형에 가까운 타원형으로 생겼다. 정자 생산뿐만 아니라 안드로겐(androgen, 수컷호르몬) 호르몬을 분비한다. 음낭 안에 고환이 있으며 체온보다 4~7℃ 낮게 유지하여 정자 생성에 도움을 준다. 정소상체라고도 부르는 부고환은 고환 외측에 있으며 고환에서 생성된 정자를 성숙, 보호, 운반, 저장하는 역할을 한다.

정관은 고환에서 음경으로 정자를 이송하는 역할을 한다. 전립샘은 방광의 아랫부분에 있으며 정액을 공급하는 역할을 한다. 음경은 오줌을 배출하는 비뇨기뿐만 아니라 정액을 주입하는 교미기이고, 음경골이 있는 것이 다른 동물과 다른 특징이다.

② 암컷의 생식기관엔 난소, 난관, 자궁, 질과 외음부가 있다.

난소는 타원형으로 자궁각으로 이어지는 난관과 연결되어 있으며, 난자를 생산하고, 발정호르몬과 황체호르몬을 분비한다. 배란은 난자를 둘러싸고 있는 난포의 파열로 난자가 난관누두로 배출되면 배출된 자리에 황체가 형성된다.

난관은 수정된 난자를 자궁뿔로 이송하는 가늘고 꼬불꼬불한 관으로 난소에서 배란된 난자가 정자를 만나 수정되는 장소이다. 자궁은 자궁경과 자궁체로 구분되며 V자 모양의 자궁뿔에 연결된 쌍각자궁이다. 수정란이 착상되어 임신이 유지되는 장소로 분만의 기능을 가지고 있다.

질은 자궁목에서 외음부로 연결된 교미기로, 두꺼운 괄약근으로 구성되어 있다. 교미 시에 수컷의 음경이 진입되는 교미기관으로 발기와 사정에 영향을 준다. 외음부는 대음순, 소음순, 음핵으로 구분되며, 발정기에 분비물을 배출하는 역할을 한다.

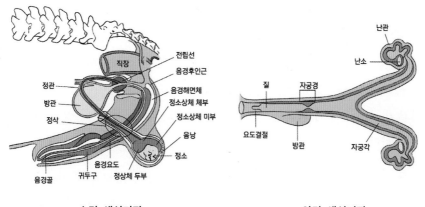

수컷 생식기관   암컷 생식기관

41. 반려견의 성 성숙과 발정기에 대해 알아보자

성 성숙은 뇌하수체에서 분비되는 성장호르몬과 성선 자극 호르몬의 영향을 받아 번식이 가능한 상태로 성장하는 것이다.

수컷은 생후 10~12개월이면 성 성숙되어 정자 수, 호르몬 수준과 정액량이 급격히 증가한다. 발기의 초기 자극은 후각에 의하여 이루어지며 음경해면체에 혈액이 충만되어 발기된 후에 교미가 이루어진다. 소형견의 정액량은 5~8ml 정도이고, 대형견의 정액량은 9~18ml 정도이다.

암컷은 생후 5개월 이후부터 성 성숙되어 첫 발정이 시작된다. 발정은 사육환경에 따라 번식기가 차이가 있다. 소형견은 5~7개월에, 중형견은 8~10개월에, 대형견은 1년 이상이 지나면 최초 발정이 일어난다. 소형견일수록 발정주기가 짧으며 대형견종은 1년에 1회 발정한다. 일반적으로는 개는 8개월 정도에 1회, 즉 2년에 3회 발정한다. 계절마다 발정이 오는 것이 아니라 일정 주기를 가지고 반복해서 오기 때문에 세심한 관찰이 필요하며, 두 번째 발정부터 교배를 시작한다.

암컷에서는 발정기에만 보이는 특징적인 행동이나 신체의 변화가 일어나는데 이것을 발정징후라고 한다. 이 발정징후를 관찰하여 발정을 정확히 발견하고 적기에 교배시키면 성공적인 번식을 할 수 있다. 외부적으로는 육안으로 관찰할 수 있는 발정징후를 볼 수 있고, 내부적으로는 질구검사를 통해 발정징후를 볼 수 있다.

발정주기는 발정 발현일로부터 다음 발정일이 오기 직전까지의 기간이다. 발정주기는 발정전기, 발정기, 발정후기, 발정 휴지기로 나누어진다.

발정전기는 뇌하수체 전엽에서 FSH(난포자극 호르몬)가 분비되어 난포가 성숙하기 시작한다. 난포 발육이 시작되면서 에스트로겐(estrogen) 농도가 증가하고, 외부적으로는 외음부가 붓고 단단해지고 출혈이 시작된다. 심리적으로 불안해하고 배뇨를 자주 하며, 수컷의 승가 행동을 허용하지 않는다. 발정전기의 기간은 평균 7~9일이다.

발정기는 난포에서 에스트로겐(estrogen)이 분비되어 LH(황체 형성 호르몬)의 분비를 촉진하여 배란이 시작되는 시기이다. 암컷의 음순부는 부드러워지고 외음부는 민감, 자극을 주면 꼬리를 한쪽으로 구부리는 반응을 보이고 수컷을 허용한다. 질 분비물은 출혈이 엷어지면서 투명한 선홍색으로 변화한다. 발정기 지속 시간은 평균 9일이고 배란이 발정기 2일차에 일반적으로 일어난다. 교배적기는 발정 출혈 후 9~14일경이다.

발정후기는 배란 후 난체에 황체가 형성되고 프로게스테론(progestesrone)이 분비되어 임신이 유지되는 시기이다. 임신되지 않으면 30일 이후에 자궁이 원상태로 복귀된다.

발정 휴지기는 발정후기로부터 발정전기까지의 기간이다. 이 시기는 무발정기를 나타내고 약 3~9개월 동안 지속되며 발정징후가 사라져 신체적으로 활동력이 왕성하다.

42. 반려견의 교배과정에 대해 알아보자

교배를 실시하기 전에, 수컷을 먼저 선정하고 가장 적절한 시기에 맞추어서 출산과 육아에 대한 계획을 해야 한다. 암컷의 건강관리가 중요하고, 예방백신 접종, 구충 및 피부 기생충의 구제 등으로 건강한 2세를 위한 준비를 해야 한다.

교배는 출혈 개시(생리)일부터 9일에서 14일 사이가 적기이다. 교배 적기는 발정의 전조를 보인 아침과 밤에 암컷의 음부에 화장지를 대고 출혈을 조사하여 확인할 수 있다. 출혈 개시일로부터 9~13일 사이에 배란이 일어나며, 배란된 난자는 3~4일 동안 수정 능력이 있다. 최초 출혈(생리) 개시일에서 9일 이후부터 약 6~7일간이 교배 시기이다. 출혈 개시 후 9일부터 3일간이 가장 적기이며, 격일 간격으로 두 번 정도 교배하는 것이 좋은데 최초 출혈시간을 정확히 맞출 수 없기 때문에 동물병원에서 교배 적기를 판정받는 것이 좋다.

교미는 음경의 정맥을 압박하여 혈액을 일시적으로 정체시켜 음경을 발기시킴으로서 질에 머물게 하는 것이다. 교미 시작 1분 후, 수컷은 180도 돌아서 5~45분 동안 단단히 결합한 채 교미를 지속한다. 개는 오랜 시간 교미가 가능해 한 번 교배 시 2~3회 사정이 가능하다. 생식기 결합 시 방출되는 정액은 대부분 교배 후 약 4~5일 정도 생존하면서 수정 능력을 보유하는데 정자의 평균 생존기간을 볼 때 배란일 4일 전에 교배하는 것이 좋으며, 가장 많은 수의 강아지를 얻고자 한다면 배란일 2일 후에 한 번 더 교배시키는 것이 좋다. 암컷은 5살 이후부터 번식력이 저하되기 시작해서 8세 이후에 번식력을 상실한다. 일부 견들의 경우 8세 이후에도 번식력이 있으나 건강을 위해 번식을 자제하는 것이 좋다. 수컷은 7살 이후 정자의 생성수가 감소하기 시작하는데 일부견들의 경우엔 10세 이후에도 왕성한 번식력을 보인다.

여러 마리의 개가 함께 있는 모습

43. 반려견의 임신에 대해 알아보자

반려견의 임신 기간은 평균 63일이다.

임신 24~32일 차엔 임신 여부를 위해 복부 촉진이 가능하며 공복 시에 배뇨 후 복부 촉진을 실시한다. 임신 35~45일 차에는 자궁뿔이 균일한 큐브상으로 되기 때문에 촉진이 어렵고 유두가 커진다. 임신 55~63일차엔 태아가 쉽게 촉진된다. 동물병원에서 임신 진단은 30일령부터 초음파 진단이 가능하고, 임신 42~43일부터 X−ray 촬영이 가능하다. 분만 예정 1~2일 전에 태아의 상태를 검진 받은 후, X−ray 촬영으로 제왕절개나 자연분만을 확인해야 한다.

임신견의 관리는 다음과 같다.

임신견은 임신 후 약 1개월이 지나게 되면 태아가 커지면서 위를 압박하기 때문에 먹이 급여 횟수를 늘려 위에 부담을 덜어 주도록 해야 한다. 그리고 고영양식을 급여하여 태아에게 영양분을 충분히 제공해주어야 한다. 교미 후 3주까지는 유산될 가능성이 있으므로 조심해야 하고, 3주 후 부터는 무리하지 않는 범위 내에서 예전의 운동을 하는 것이 좋다.

건강한 강아지를 출산하기 위해서는 임신 중 구충제와 같은 약을 먹이지 않도록 주의해야 한다. 이는 태아의 기형을 유발시키거나 사산 또는 유산 가능성이 있기 때문이다. 또한, 모견이 조용하고 안정을 취할 수 있는 환경을 제공해주고, 목욕을 시킬 때는 전신을 다 적시지 않도록 주의하며 지저분한 부위만 가볍게 씻어 내주어야 한다. 그리고 다른 개들과 장난치거나 높은 곳에서 뛰어 내리는 일이 없도록 조심해야 한다.

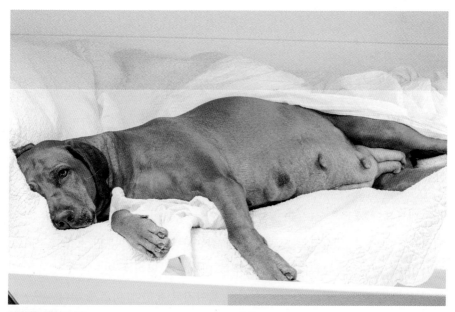

임신한 개의 모습

44. 반려견의 분만과정에 대해 알아보자

반려견 분만은 어려운 작업이기 때문에 만일의 사고에 대비하여 가까운 동물병원의 응급전화번호를 준비해두어야 한다.

분만 시, 가위는 탯줄을 자를 때, 실은 탯줄을 묶을 때 사용하며 반드시 소독한 것으로 사용해야 한다. 더운물과 목욕통을 준비하여 신생 강아지를 목욕시키는 데 사용하며, 목욕 시킨 후 강아지의 몸을 닦기 위해 깨끗한 수건으로 마리당 2장씩 준비해야 한다. 출산 시 나오는 오물을 버리기 위해 신문지가 필요하고, 오물을 처리하기 위해 쓰레기봉투도 준비해두어야 한다.

분만 예정일 2~3주 전에 분만 장소를 마련하여 임신견이 적응할 수 있도록 배려해주어야 한다. 분만 장소는 주위가 조용하고 사람들의 출입이 거의 없는 안정된 장소가 좋다. 만약 분만 장소가 모견이 사용하던 개집이 아니라면, 모견이 사용한 침구류 등을 넣어 안정감을 제공해주어야 한다.

분만 하루 전부터 임신견이 불안해하며 사료 섭취를 하지 않으면 이것은 분만 징조이다. 방바닥을 긁어 대거나, 몸을 떨거나, 한자리를 빙글빙글 돌며 자신의 국부를 핥으며 복부의 모양이 조금씩 변화한다. 분만에 임박해서는 힘을 잔뜩 주며 뒷다리를 쭉 뻗는 행동을 한다.

대부분의 개들은 스스로 분만할 수 있는 능력이 있지만 소형견들은 혼자 해결하지 못할 수 있으므로 모견이 가장 잘 따르던 사람이 분만 유도를 해주는 것이 좋다. 분만 12~24시간 전에 복부를 만져보면 굳어져 있으며 1~2시간 정도 신음을 동반한 진통의 간격이 서서히 짧아지고 분만에 이르게 된다. 분만 시에는 태아의 머리부터 나오게 되는 것이 정상이지만 간혹 뒷다리부터 나오는 경우도 있다.

분만 제1기엔 진통이 시작되어 호흡이 빨라지고 증가한다. 뒷다리를 뻗는 듯한 자세를 취하여 복부에 힘을 주고 복압을 증진시켜 태아를 자궁에서 산도로 밀어낸다. 이때 자궁목이 열리면서 요막과 양막이 밀려나오고 요수와 양수가 배출된다.

분만 제2기엔 빠르고 강한 진통으로 복압이 상승하고 태막에 싸인 태아가 자궁에서 산도로 밀려 나오는 시기이다. 태아의 머리가 골반강 입구를 향하고 질쪽으로 머리가 보이며 1~2회 추가적인 진통으로 출산을 진행한다. 첫 번째 분만이 이루어진 후에는 20~30분 간격으로 분만이 진행된다.

분만 제3기는 태반이 배출되는 시기이다. 모견이 이빨로 태막과 탯줄을 끊고 새끼의 몸을 혀로 핥아 양수나 점액을 닦아내는데 모견은 태반을 섭식하기도 한다. 모견이 탯줄을 끊지 못하면 태아에서 1~2cm 되는 곳을 실로 묶은 후 잘 소독된 가위로 잘라주고 소독해주어야 한다.

45. 반려견의 산후관리에 대해 알아보자

첫째 태아가 태어난 후 약 30~60분 간격으로 다음 새끼가 분만되는 것이 일반적이다. 다음의 진통이 있기 전까지 어미개의 젖을 물려주며, 두 번째 진통이 시작되면 첫째 태아를 꺼내서 미지근한 물로 싸서 부드러운 수건으로 깨끗이 닦아준다. 둘째 태아가 태어나면 첫째 태아와 마찬가지의 순서대로 분만을 도와주어야 한다.

분만 후, 태아의 성별과 이상 여부를 확인한 후 미리 마련된 보육 장소로 이동시킨다. 출산 후 1주일 동안은 열량도 높고 흡수력도 좋은 탈지우유, 난황, 고기 등을 하루에 3번씩 제공해주고, 충분한 영양공급을 위해 단백질 함량이 높은 사료, 수유로 인한 칼슘 부족을 방지하기 위해 고칼슘사료를 공급해주어야 한다. 출산 직후에는 모견이 자견을 돌보는데 집중하므로 주변 환경에 민감하게 반응하기 때문에 자견이 귀엽다고 자주 만지면 모견이 불안감과 스트레스를 받게 된다. 따라서 출산 후에는 모견과 자견들의 근처는 외부인의 접근을 차단하고 보호자들도 왕래를 삼가야 한다. 모견과 자견이 있는 곳은 조금 어둡게 해주어 모견의 심리가 안정된 상태에서 자견을 돌볼 수 있도록 도와주는 것이 좋다.

바람직하지 않은 임신과 분만의 유형이 4가지로 분류할 수 있다.

상상임신은 암컷이 임신하지 않았는데도 배가 불러오기도 하고 젖도 나오는 것과 같이 거짓 임신 상태를 말한다. 발정 후 임신하지 않았지만 황체호르몬이 부생식기와 유방에 영향을 주어 상상임신 증상을 나타내는 것이 원인이다.

조산은 60일 이전에 분만하는 경우이다. 57일 이전에 태어날 경우 태아가 건강하지 못한 경우가 많으므로 조산 시에는 더욱 주의 깊게 강아지를 관찰해야 한다.

난산은 오랜 시간 동안 진통이 반복되어 출산을 하지 못하는 경우를 말한다. 모견의 골반이 좁거나 임신 중 운동 부족으로 태아가 과체중일 경우, 태아의 자궁 내 위치에 이상일 경우, 모견의 양수가 너무 일찍 터질 경우, 뒷다리가 먼저 나오거나 구부러진 머리와 다리인 경우 난산이 발생할 수 있다.

유산은 바이러스, 원충, 세균 등의 감염과 비감염적인 물리적인 원인으로 발생할 수 있다. 유전적인 결함이나 염색체 이상의 경우, 혹은 모견 자궁 내 환경이나 기능에 이상이 있을 경우도 유산이 될 수 있다.

46. 신생자견의 관리에 대해 알아보자

같은 배에서 태어난 강아지라도 모유 빨기에 익숙한 강아지와 그렇지 못한 강아지가 있기 때문에 관심을 가지고 모유가 잘 나오는 젖꼭지로 물려주어야 한다. 강아지를 키우기 적당한 온도는 20~25℃이며, 안락하고 깨끗한 깔개를 깔아주는 것이 좋다.

갓 태어난 강아지는 생후 9~12일에 눈을 뜨며 생후 5~6일부터 소리에 대해 반응하기 시작한다. 생후 3주에 앞니, 송곳니, 작은 어금니 순으로 나오며 8주 초에 완성되고, 3개월 이후부터 영구치아로 전환되기 시작한다.

이유식은 생후 2~3주가 적당하며 상품화된 제품을 주는 것이 편리하다. 이유식은 모유도 먹기 때문에 하루 3~4회 조금씩 공급해주며, 익숙해지면 유동식으로 만들어 접시에 놓고 스스로 먹도록 유도해야 한다.

체온과 체액과 혈당은 강아지에게 가장 기본이 되는 조건이므로 신생자견의 영양관리와 체온유지에 각별히 신경을 써야 한다.

초유를 먹은 강아지는 모견으로부터 항체를 공급받지만 시간이 지나면서 차츰 저항력이 떨어지기 때문에 질병에 걸리기 쉽다. 따라서 백신접종과 구충 프로그램에 맞추어 적용하여 인공적으로 면역을 향상시켜 줌으로써 건강하게 성장할 수 있도록 도와주어야 한다.

강아지들이 모견 젖을 먹는 모습

반려묘

1. 고양이 품종에는 무엇이 있나요?

전 세계적으로 고양이는 30~80종 정도 된다고 알려져 있고, 종에 따라 체격도 성격도 각기 특징이 있다. 그러나 최종적으로는 고양이 개체의 성격과 사육 환경, 보호자와의 관계가 고양이의 성격을 형성한다.

아비시니안(Abyssinian)은 털이 짧은 단모종으로 날렵한 몸매이지만 적당히 근육이 있는 포린 체형이다. 운동량이 많고 호기심이 많아 좋아하고 우호적인 성격을 갖고 있다. 머리가 좋고 주인에게 순종적이어서 개와 비슷한 행동을 보이기도 한다.

아메리칸쇼트헤어(American shorthair)는 근육과 뼈가 잘 발달되어 튼튼한 고양이로서 설치류를 제거하기 위해 개량된 품종이다. 고양이 중에서도 운동신경이 좋고 활발하며 호기심이 강한 성격이다. 사람을 좋아하고 다른 동물과도 비교적 잘 지내서 여러 마리, 다양한 품종과 함께 기르기 좋다.

믹스(Mix)는 잡종으로도 불린다. 다양한 털이 섞인 혼혈종이다. 일반적으로 순혈종보다 튼튼하며 성격도 밝고 차분하기 때문에 기르기 쉽다.

메인쿤(Maine Coon)은 장모종으로 유일하게 미국이 원산지인 고양이다. 몸집이 유달리 큰 고양이로, 장난치면서 노는 걸 아주 좋아한다. 성격이 밝고 느긋해서 여러 마리, 다양한 품종과 함께 기르기 쉽다.

먼치킨(Munchkin)의 가장 큰 특징은 다른 고양이에 비해 짧은 다리를 가지고 있어서 점프하는 능력이 떨어진다. 고양이계의 닥스훈트라고 불린다. 운동신경이 뛰어나고 쾌활하며 호기심이 강하다. 주인에게 다정한 성격이다.

노르웨이숲고양이(Norwegian forest cat)는 야성미가 강하고 운동신경이 뛰어난 품종으로서, 사냥본능이 그대로 남아있는 고양이다. 장모종이며 체격도 좋아서 당당해 보인다. 똑똑하고 자기 영역 의식이 강한 반면, 외로움을 잘 타는 측면도 있다.

래그돌(Ragdoll)은 차분하고 래그돌(ragdoll)처럼 안기는 걸 꺼리지 않는 온화한 성격이다. 푹신푹신 귀여운 용모로 봉제인형(Ragdoll)으로 불린다. 장모종이며 몸집이 큰 편이다.

스코티시폴드(Scottish Fold)는 특이하게 접힌 귀가 특징으로 스코틀랜드에서 돌연변이로 태어났다. 온화하고 사람을 잘 따르는 성격이여서 기르기 쉬운 품종으로 매우 인기가 있다.

페르시안(Persian cat)은 푹신푹신한 장모와 둥글고 큰 머리에 매우 붙임성이 있고 우호적인 성격으로 알려져 역사적으로 오래전부터 사랑 받아온 품종이다.

러시안블루(Russian Blue)는 벨벳처럼 털색은 반짝반짝 빛나는 라이트블루색을 가진 단모종이다. 주인을 잘 따르지만 겁이 많은 성격이기도 하다. 우는 소리를 별로 내지 않는다.

싱가퓨라(Singapura cat)는 가장 작은 고양이로 경계심과 호기심이 강하다. 운동신경이 좋고 재빠르며 몸놀림이 우아하다. 울음소리가 작아서 조용한 고양이로 알려져 있다.

버만(Birman)은 원산지가 버마 미얀마이고 미얀마에서 승려들의 반려고양이로 신성하게 여겨졌다. 장모종으로 날씬한 몸매와 흘러내리는 털을 지니고 있으며, 네 발의 끝이 버선을 신은 듯 하얗다.

아비시니안(Abyssinian)

아메리칸쇼트헤어(American shorthair)

믹스(Mix)

메인쿤(Maine Coon)

먼치킨(Munchkin)

노르웨이숲고양이(Norwegian forest cat)

래그돌(Ragdoll)

스코티시폴드(Scottish Fold)

페르시안(Persian cat)

러시안블루(Russian Blue)

싱가퓨라(Singapura cat)

버만(Birman)

2. 고양이의 평균 수명에 대하여 알아보자

완전 실내 생활을 하는 '집고양이'의 평균수명은 15~20년으로 가장 길고 실외에서 시간을 보내는 '반실외 사육 고양이'와 '길고양이'의 평균수명은 그보 다 짧다. 반실외 사육 고양이와 길고양이는 교통사고를 당하거나 감염증에 걸릴 위험이 더 크기 때문이다. 1살 이상이면 성 성숙이 다 되어서 성인에 해당된다 고 볼 수 있다.

실내 생활을 하는 '집고양이'의 평균수명: 약 15세

실내와 실외를 오가는 '반실외 사육 고양이'의 평균수명: 약 12세

실외 생활을 하는 '길고양이'의 평균수명: 약 5~10세

평균수명의 80%가 지나면 '시니어'라고 할 수 있다. 실내 생활을 하는 고양 이의 평균수명은 15세이므로 12세가 넘어서는 중년기부터 임종기를 고민해야 한다.

고양이와 인간의 나이 환산표

삶의 단계	고양이의 나이	사람의 나이
자묘기: 가장 활발하며, 고양이 사회의 규칙을 배우는 시기	0~1개월	0~1세
	2~3개월	2~4세
	4개월	5~8세
	6개월	10세
청년기: 어른이 되기 직전으로 성성숙을 맞이하는 시기 암컷은 생후 5~12개월, 수컷은 생후 8~12개월에 성성숙함	7개월	12세
	12개월	15세
	18개월	21세
	2세	24세
성묘기: 기력과 체력이 가장 좋은 시기 길고양이 사이의 우두머리는 대부분 이 나이대임	3세	28세
	4세	32세
	5세	36세
	6세	40세
장년기: 체력이 서서히 떨어지는 시기 현대의 의료 수준에 도달하기 전에는 이 시기부터 '시니어'로 여겨지기도 함	7세	44세
	8세	48세
	9세	52세
	10세	56세
중년기: '시니어'로 불리기 시작하는 시기 13세부터 눈, 무릎, 발톱 등에서 노화가 눈에 띔	11세	60세
	12세	64세
	13세	68세
	14세	72세
노묘기: 여생을 느긋하게 보내는 한편, 몸 상태가 급격히 나빠 지는 시기, 생활환경을 바꾸거나 집에 홀로 두는 일은 반드시 피해야 함	15세	76세
	16세	80세
	17세	84세
	18세	88세
	19세	92세
	20세	96세
	21세	100세
	22세	104세
	23세	108세
	24세	112세
	25세	116세

자료: AAFP(미국고양이수의사회), AAHA(미국동물병원협회)

3. 고양이 체형에 따른 분류에 대해 알아보자

일반적으로 고양이는 외모, 털길이 및 그 외의 특성에 따라 고양이를 분류하며 고양이 체형은 크게 오리엔탈(Oriental), 포린(Foreign), 코비(Cobby), 롱앤서브스텐셜(Long and substantial)로 분류한다.

① 오리엔탈(Oriental)

가늘고 유연한 몸통과 긴 다리와 꼬리를 가지고 있는 것이 특징이며 비교적 온난한 지역에서 자란 품종으로 몸의 열을 발산하기 위해 단모종이 많다. 대표적 품종으로는 코니시 렉스(Cornish Rex), 샴(Siamese cat), 오리엔탈 쇼트헤어(Oriental Shorthair) 등이 있다.

② 포린(Foreign)

오리엔탈보다는 덜 가늘고 매끈하며 날씬한 체형을 가지고 있는 것이 특징이다. 길고 균형 잡힌 단단한 몸매를 지니고 있으며 쐐기 모양의 머리, 큰 귀와 타원형의 눈을 가지고 있고 꼬리는 길고 가늘다. 대표적 품종으로는 아비시니안(Abyssinian), 러시안 블루(Russian Blue), 터키시 앙고라(Turkish Angora) 등이 있다.

③ 코비(Cobby)

짧은 몸통을 가지고 있으며 머리가 둥글고 어깨나 허리의 폭이 넓은 것이 특징이다. 짧고 납작한 주둥이와 짧은 꼬리를 지녔다. 눈은 크고 둥글며 굵은 다리와 둥근 발끝을 가지고 있다. 비교적 한랭한 지역에서 자란 품종으로 체온의 유지를 위한 장모를 가지고 있는 종이 많다. 대표적 품종으로는 페르시안 (Persian cat), 맹크스(Manx), 이그조틱 쇼트 헤어(Exotic Shorthair) 등이 있다.

④ 롱앤서브스텐셜(Long and substantial)

앞의 모든 분류에 해당하지 않는 타입으로, 골격과 근육이 발달하여 몸집이 크고 튼실한 체형을 지니고 있다. 대표적 품종으로는 래그돌(Ragdoll), 메인쿤 (Maine Coon), 노르웨이 숲(Norwegian forest cat) 등이 있다.

오리엔탈(Oriental)

코니시 렉스(Cornish Rex)

샴(Siamese cat)

오리엔탈 쇼트헤어
(Oriental Shorthair)

포린(Foreign)

아비시니안(Abyssinian)

러시안 블루(Russian Blue)

터키시 앙고라
(Turkish Angora)

코비(Cobby)

페르시안(Persian cat)　　　맹크스(Manx)　　　이그조틱 쇼트 헤어
(Exotic Shorthair)

롱앤서브스텐셜(Long and substantial)

래그돌(Ragdoll)　　　메인쿤(Maine Coon)　　　노르웨이 숲
(Norwegian forest cat)

4. 고양이 털 무늬에 따른 분류에 대해 알아보자

일반적으로 고양이 모색은 약 20개의 유전자가 관여하며, 털 무늬에 따라 분류하며, 크게 솔리드(Solid), 태비(Tabby), 티핑(Tipping), 파티 컬러(Party-color), 포인트(Point)로 분류한다.

① 솔리드(Solid)

얼룩이나 줄무늬가 없는 단색을 가지고 있는 그룹이며 검정색, 청색, 빨간색, 크림색, 흰색을 나타낸다. 대표적인 품종으로는 러시안 블루 등이 있다.

② 태비(Tabby)

얼룩말과 같은 줄무늬를 가진 것이 특징이며 고등어 무늬, 클래식 무늬, 점박이 무늬가 이에 속한다.

고등어 무늬는 고등어와 같이 가느다란 무늬가 뻗어나가는 무늬이다. 클래식 무늬는 굵은 줄무늬를 말하며 때로 옆구리에 소용돌이가 생기기도 한다. 점박이 무늬는 줄무늬가 이어지는 것이 아니는 점점이 끊어져 마치 표범 무늬처럼 보이는 무늬를 말한다.

③ 파티 컬러(Party-color)

바탕색과 얼룩색의 두 가지 종류의 색을 가지는 무늬를 말하며 칼리코 (calico), 바이 컬러(bicolor), 거북등 무늬(tortoise shell)가 이에 속한다. 칼리코는 흰 색을 포함하여 세 가지의 색을 한 몸에 가진 것을 말하며 바이 컬러는 절반은 흰색, 나머지는 다른 색을 가진 것을 말한다. 그리고 거북등 무늬는 흰색을 제외하고 두 가지 색의 얼룩무늬를 가진 것을 말한다.

④ 티핑(Tipping)

털 끝에는 색소를 침착시키고 모근에는 색소 형성을 억제하는 성질을 지니고 있어 털 한 올마다 털끝에만 색을 지닌다. 이를 티핑(tipping)이라고 하며 친칠라(chinchilla), 쉐디드(shaded), 스모그(smoke)로 나뉜다. 친칠라는 티핑이 털끝 1/4~1/3까지를 말하며 쉐디드는 털끝 1/3~1/2까지, 스모그는 털끝 1/2~3/4까지를 말한다.

⑤ 포인트(Point)

낮은 온도에서 색소형성의 억제가 되지 않아 포인트가 생기는 것을 말하며 대표적인 품종은 얼굴과 귀, 사지, 꼬리에 포인트가 있는 샴고양이, 래그돌, 버만 등이 있다.

솔리드(Solid)

클래식 무늬

검은색 고양이

흰색 고양이

태비(Tabby)

러시안 블루(Russian Blue)

고등어 무늬

점박이 무늬

파티 컬러(Party-color)

칼리코

바이 컬러

거북등 무늬

티핑(Tipping)

친칠라

쉐디드

스모그

포인트(Point)

샴(Siamese cat)

래그돌(Ragdoll)

버만(Birman)

5. 고양이 신체적 특징에 대해 알아보자.

고양이는 야행성 동물로서 낮에는 자고 밤 11시경 가장 활발하게 활동하는 동물이며 단독으로 생활하는 동물이다.

① 혀

고양이 혀에는 고리처럼 뻗은 케라틴을 함유한 돌기가 있다. 이 돌기들은 거친 사포 같은 느낌을 주며 뼈에서 고기를 긁어내거나 털을 핥아 단장하는 역할을 한다. 이 돌기들은 빗의 역할을 하여 그루밍할 때 도움을 주는데, 그루밍 과정에서 이 돌기들이 털에 붙어 있는 벼룩이나 부스러기를 제거하고 털을 가지런하게 한다. 그루밍 하는 과정 중 털에 묻은 침이 증발하면서 열을 빼앗아 체온 조절에 도움을 주기도 한다.

② 눈

고양이 양쪽 눈의 시야각은 사람과 비슷하게 140도 정도이며, 사람은 옆으로 180도까지 볼 수 있으나 고양이는 옆으로는 200도까지 볼 수 있다. 고양이는 야간 시력이 잘 발달한 편이다. 밤이 되면 동공의 크기를 조절하여 사람이 볼 수 있는 빛의 양의 6분의 1 정도에서도 잘 볼 수 있으나 색은 잘 볼 수 없다. 특히 동체시력이 발달하여 움직이는 물체를 잘 볼 수 있도록 발달되어 있다. 고양이가 움직이는 물체를 보고 있으면 1초에 70회 정도로 시각중추에 신호가 전달되어 있어서 더 자주 시각중추에 신호를 보냄으로써 더 빠르게 반응할 수 있다. 하지만 너무 가까운 것은 초점을 잘 맞추지 못해서, 고양이 얼굴에서 한 뼘 이내에 있는 물체는 고양이에게 흐릿하게 보인다. 때문에 고양이가 물체를 식별할 수 있는 거리는 2~6m 거리 정도는 되어야 한다. 그보다 가까운 경우 고양이의 눈두덩과 입 주변에 있는 수염을 이용해 근접한 물체의 위치를 감지한다. 고양이가 눈앞의 물체를 잡으려고 할 때는 평소에 양 옆으로 뻗어 있는 수염이 전부 정면으로 향한다.

③ 귀

고양이 각 귀는 32개의 개별 근육들을 가지고 있으며, 고양이가 각각의 귀를 별도로 움직여 소리를 들을 수 있도록 한다. 고양이는 몸을 한 방향으로 움직이면서 귀를 다른 방향으로 향하게 할 수 있어 위치를 정확하게 찾아낼 수 있다. 고양이가 개보다 청각이 더 좋으며 사람이 들을 수 없는 소리도 고양이가 들을 수 있다. 내이의 경우 반원형 관을 가지고 있는데 몸의 균형을 유지하는 능력이 우수하다.

④ 치아

고양이는 사냥감을 물기 좋고 고기를 찢기에 좋은 특수한 치아를 가지고 있다. 유치는 8주 전에 모두 갖추게 되며 총 26개로 구성되었고 생후 3개월~5개월 사이 영구치로 이갈이를 한다. 영구치의 총 개수는 30개이며 송곳니는 크고 날카롭고, 어금니는 찢는 기능을 수행할 수 있도록 표면이 뾰족하다. 육식동물이므로 절단 치아라고도 불리는 육식동물에서 사냥한 동물의 살을 효율적으로 자를 수 있는 기능을 가지고 있으며 고양이의 어금니를 열육치라고 한다. 열육치는 위쪽 제3 전구치, 아래쪽 제1 후구치가 이에 해당된다. 일반적으로 고양이는 치아로 음식을 씹기보다는 음식을 잘라서 먹는다.

⑤ 코

고양이는 개에 비해 후각능력이 뒤떨어지나 코를 이용해 자신의 세력권, 자신이 먹을 음식의 부패 여부와 맛 등을 냄새를 확인한다. 하지만 인간보다

5~10배 많은 후각상피 세포를 가지고 있으며 구강내 야콥슨 기관으로 후각 정보를 수집한다. 특히 고양이는 후각으로 상대 고양이의 페로몬 성분을 수집하는 것이 가능하며, 이를 통해 상대 고양이의 나이, 성별, 성 성숙도, 영양상태, 몸집 등을 파악할 수 있다. 또한 냄새로 상대 고양이가 최근 다녀온 장소를 알아내는 것도 가능하여 고양이들 간의 불필요한 영역 다툼을 막는 수단이 되기도 한다. 플레멘 반응을 통해 빨아들인 냄새를 야콥슨 기관(Jacobson's organ)으로 보내 냄새를 분석한다. 야콥슨 기관은 이성 페로몬 감지와 영역의 확인에 도움을 주며 페로몬과 같은 화학 자극을 감지하는 역할을 한다. 고양이의 후각능력은 털이 어두울수록 더 뛰어나며 이는 털 색깔을 결정하는 멜라닌 농도와 후각의 발달 정도가 비례하기 때문이다.

⑥ 수염

고양이의 수염은 다른 털에 비해 2.5배 두껍고 3배 더 깊게 박혀 있는 특수한 털로 감각모라고 불리며 정보 수집을 위한 역할을 한다. 신경계와 밀접하게 연결되어 있어 예민하고 감각전달 기능이 뛰어난다. 고양이는 수염은 내비게이션이자 지팡이 역할을 하기 때문에 미용을 하게 될 경우 자르면 안 된다.

⑧ 피부

고양이의 겉털은 털 색깔을 내고 속털에 덮인 몸통은 교묘하게 적의 공격을 피할 수 있는 이점을 가지고 있다. 고양이는 땀샘이 없어 평소 그루밍을 통해 침을 털에 묻혀서 체온을 조절한다. 고양이 피부는 다소 느슨한 피부를 가지고 있어 포식자나 다른 고양이와 싸울 때 그들에게 잡히더라도 몸을 돌려서 마주볼 수 있도록 해준다.

⑨ 다리

점프, 나무 타기에 최적인 다리를 가지고 있다. 앞발보다 긴 뒷발의 강한 근육과 부드러운 관절을 가지고 있다. 앞발은 방향을 바꾸는 역할을, 뒷발은 추진력을 주는 역할을 한다.

⑩ 발톱

치타를 제외한 모든 고양이과 동물들은 발톱을 발가락 사이에 감추고 있다가 나무에 오르거나 적과 싸우는 등 필요할 경우 펴서 사용한다. 발톱을 감추는 이유는 사냥감에게 접근할 때 소리 없이 걷기 위해서, 정말 중요한 부분이기에 손상을 방지하기 위해서 등 여러 이유가 있다. 독특한 인대와 힘줄, 피부덮개, 근육 구조를 통해서 발톱을 감춘다. 고양이는 앞발에 다섯 개, 뒷발에 네 개의 발톱을 가지고 있다. 빌톱의 기능으로는 균형잡기, 걷기, 사냥, 오르기, 자기방어, 스크래치 등에 사용한다.

6. 고양이를 반려동물로 입양할 때 고려할 사항은 무엇인가요?

고양이를 반려동물로 입양 방법에는 펫샵, 브리더, 가정분양, 동물보호센터를 통한 입양 등이 있다. 반려동물 입양 방법은 소유주 선택의 자유이다. 다만, 고양이의 평균 수명이 15년 정도인 것을 알고, 평생을 잘 보살피겠다는 자각과 책임감을 갖고, 식사나 화장실을 챙기는 것을 비롯해 건강진단이나 예방접종을 포함한 의료비 등 시간과 비용을 고려하여 입양해야 한다.

긴 세월을 같이 할 고양이를 선택하고, 집으로 입양하기 전에 먼저 가족 구성원의 동의를 얻어야 한다. 돌발 상황이 생겼을 때 가족은 든든한 보호자의 역할을 대신해 줄 수 있다. 또한, 고양이 용품을 사전에 미리 준비해야 한다. 기본적으로 사료, 모래, 화장실, 스크래쳐 등이 필요하고, 이동가방은 필수이다. 또한, 고양이 알러지에 의해 파양 당하는 경우도 많기 때문에, 가족구성원 중 알러지가 있는지 미리 확인하는 것도 중요하다.

독일에서는 고양이를 입양할 때 보통 티어하임(Tierheim)이라는 동물보호시설에서 많이 하게 되는데, 새끼 고양이를 입양하는 경우, 보통 생후 12주까지 부모, 형제 고양이와 함께 생활한 후 입양이 가능하다. 입양 조건으로 '고양이 한 마리만 있게 되는 곳은 안 됨' 특히 새끼 고양이를 입양 보낼 때는 '두 마리 이상 함께', 혹은 '현재 고양이가 있는 집만 가능'이라는 조건을 붙이는 일이 많아졌다. 고양이끼리 어울리면 고양이의 행동 욕구를 더욱 충족할 수 있기 때문이다.

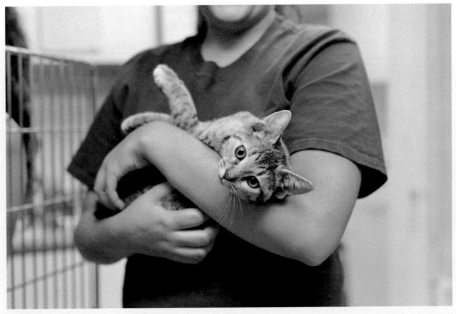

보호소의 고양이

7. 반려묘를 건강하게 오래 살기 위한 방법은 무엇인가요?

건강한 반려묘와 행복하게 오랫동안 살 수 있는 방법은 다음과 같다.

실내 사육 환경: 실외 사육보다는 실내 사육을 하는 편이 고양이 수명을 최대 10년 이상 연장시킬 수 있어 유리하다.

종합 접종 백신 : 종합 접종 백신은 필수로 해야 한다. 단독 생활을 하는 실내 고양이는 종합 접종으로 충분하며 매년 추가 접종을 한다. '외출을 하지 않는 고양이'라 하더라도, 병원, 반려동물 숍, 반려동물 호텔 등의 방문, 다른 동물과의 접촉 등을 통한 감염 가능성이 있기 때문이다.

기생충 예방: 심장 사상충과 내외부 기생충 구충을 매달 실시한다. 특히, 심장사상충의 경우 예방은 가능하나 치료는 불가능하기 때문에, 철저히 예방하는 것이 중요하다.

중성화 수술: 중성화는 암컷에게는 자궁축농증, 자궁내막염, 유선 종양 등 성호르몬 불균형에 의한 질병을 예방하는 데 유리하며 수컷에게는 가출과 스프레이를 방지할 때 유리하다. 다만 중성화 후에는 비만과 결석 관리를 철저하게 해야 한다.

비만 예방: 비만은 생명 연장과 직접적인 관계가 있다. 체중 관리와 더불어 식이 관리, 운동 등을 통해 비만을 방지해야 한다.

결석 예방: 중성화 후 전용 사료를 먹이고 물을 마시기 위한 노력을 해야 한다. 그래도 물을 잘 먹지 않는다면 습식 사료를 먹이는 것이 도움이

된다.

사료 선택: 유기농 사료와 생식을 결합한 형태가 가장 이상적이지만 부담스럽다면 저렴한 가격으로 등급이 높은 사료를 선택하기 위해 노력해야 한다.

스트레스 관리: 고양이는 스트레스에 예민한 동물이다. 어릴 때부터 함께 자란 두세 마리의 고양이는 가장 이상적인 친구와 형제가 될 수 있지만 갑작스럽게 새 고양이의 등장은 고양이를 당황스럽게 할 수 있다. 여러 마리를 함께 키우는 것은 신중하게 결정할 일이며 화장실과 잠자리는 항상 청결하게 유지해 주어야 한다.

치아 관리: 고양이의 치아 상태와 건강 상태는 매우 관계가 깊다. 영구치가 나면 양치질을 시작하고, 치석이 생기면 스케일링을 통해 치아 관리를 해야 한다.

정기 검진: 7세 이후부터는 병에 걸릴 확률이 높아지므로 병에 걸리지 않은 상태여도 1년에 한 번 정도의 정기 검진을 받아야 하고, 10세 이후부터는 1년에 두 번 정도의 정기 검진을 받아야 한다.

8. 고양이가 먹으면 안 되는 음식은 무엇인가요?

양파, 파, 부추, 마늘: 양파에 있는 독성은 가열해도 없어지지 않고, 고양이의 적혈구를 파괴해 용혈성 빈혈을 일으키기 때문에, 소량으로도 굉장히 치명적일 수 있고, 언제 발병할지 알 수 없다. 이러한 이유로 된장찌개, 닭죽, 불고기, 갈비찜, 갈비탕을 비롯한 대부분의 사람 음식을 먹이면 안 된다.

사람 참치캔: 고양이 참치캔과는 엄연히 다른 음식이다. 사람 참치캔에는 염분과 기름기가 많아 고양이에게 주면 건강에 좋지 않기 때문에 급여를 해서는 안 된다.

날생선, 날고기, 날달: 날생선에 함유되어 있는 티아민나아제(thiaminase) 효소는 고양이들이 날생선을 섭취할 경우 영양소인 티아민(Thiamine: 비타민 B1)을 파괴하기 때문에 생선을 굽거나 익혀서 제공해야 한다. 티아민은 신경과 근육활동에 필수적인 영양소로 날생선만 먹이는 경우, 티아민 부족으로 걷기 어려워지고, 식욕저하, 구토, 발작, 혼수 상태까지도 올 수 있다. 또한, 위생적이지 않은 날고기에는 살모넬라균 등이 있어 식중독에 걸릴 수 있다. 날달걀 중 익히지 않은 흰자를 먹이면 안 된다. 날달걀 흰자에 있는 아비딘이라는 단백질이 고양이에게 꼭 필요한 필수 비타민인 비오틴 결핍증을 일으키기 때문이다. 비오틴이 부족하면 식욕저하, 탈모, 피부염증 등이 유발될 수 있으니, 달걀은 익혀서 급여한다.

우유: 사람 우유와 고양이 우유는 다르다. 사람 우유는 고양이에게 설사를 유발할 수 있다. 고양이 장내 유당분해효소(lactase)가 부족하여 우유에 함유되어 있는 유당분해가 어려워 가스팽만, 소화불량, 설사 등을 일으킬 수

가 있으므로 락토프리(Lactose free) 우유 혹은 반려동물용 전용우유를 급여해야 한다. 치즈 역시, 일반 치즈는 염분이 너무 많아서 좋지 않고, 무염치즈로 급여하는 것이 좋다.

생선뼈: 조류의 뼈와 마찬가지로 생선뼈는 소화가 어려울 뿐만 아니라, 씹고 삼키는 과정에서 입안과 내장에 상처를 낼 수 있다.

초콜릿: 초콜릿의 쓴맛을 내는 테오브로민이라는 성분이 신경계 이상을 일으켜 경련, 발작이 올 수 있고, 심한 경우 목숨을 잃을 수도 있다. 초콜릿을 먹였다면 바로 병원에 데려가 구토를 시켜 체내에 흡수되지 않도록 해야 한다.

커피: 카페인이 들어간 음식은 모두 안 된다. 과호흡이 일어나고 열이 나고 불안해하는 카페인 중독 증상을 보일 수 있다. 심하면 경련하고 사망에도 이를 수 있다.

포도, 건포도, 청포도: 포도는 급격한 신장 손상을 일으킨다. 껍질, 알맹이, 씨 모두 위험하다. 포도잼, 건포도가 들어 있는 빵이나 쿠키, 포도씨유가 들어간 드레싱도 주의한다. 당장 증상이 나타나지 않아도 급격히 신장을 망가뜨릴 수 있다.

아보카도: 개, 고양이 모두에게 위험한 음식이다. 아보카도에는 퍼신(persin)이라는 독성물질이 있어 반려견에는 심한 질환을 유발할 수 있다. 특히 새나 설치류에게는 더 적은 양으로도 치명적이다.

건어물: 염분이 많은 김, 명태포 등을 제공하면 안 된다. 칼슘, 미네랄이 많아서 고양이에게 결석이나 하부요로질환을 일으킬 수 있다.

양파   사람 참치캔

날생선, 날고기   우유

생선뼈   초콜릿

커피   포도

아보카도   건어물

9. 고양이 비만의 평가 기준은 무엇인가요?

　　사람의 경우 비만의 측정정도는 체질량 지수와 체지방 측정 등 표준 수치가 있으나, 반려동물용 비만 측정 표준은 아직 마련되지 않았고, 비만측정기계가 충분히 발전하지 못한 상황이다. 현재 반려동물의 신체 상태를 확인하는 방법으로 시각과 촉각을 통한 신체 상태 스코어(Body Condition Score, BCS)를 활용하고 있다. BCS는 개와 고양이의 비만도를 측정하는 지표로 5단계 또는 9단계로 분류한다. 5단계 기준에서 3단계, 9단계 기준에서는 4~5단계가 표준의 체형을 나타낸다. 자신의 반려동물을 사진 상의 표준 체형인 고양이와 비교하여 상대적으로 더 뚱뚱하면 비만이고, 더 말랐으면 체중 부족이라고 판정하면 된다.

고양이의 표준 체형 판정(정상 체형)

갈비뼈	약간 보임, 쉽게 만져짐, 지방층이 얇음
위에서 본 모습	요추 부분(허리라인) 균형이 잘 잡혀 있음
측면 모습	복부에 쏙 들어간 부분이 존재함
뒷모습	근육이 분명하게 나타남, 매끄러운 신체 윤곽선
꼬리뼈	약간 보임, 쉽게 만져짐
꼬리 부분의 지방	얇은 지방층

자료: https://myglobalpetfoods.wordpress.com/2013/06/13/global-pet-foods-healthy-pet-challenge-2013/

Body Condition Score

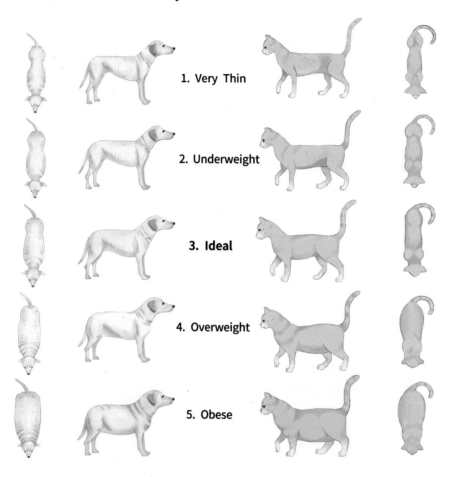

1. Very Thin

2. Underweight

3. **Ideal**

4. Overweight

5. Obese

10. 중성화 수술 후 비만이 되기 쉬운 이유는 무엇인가요?

중성화 수술은 질병이나 이상 행동을 예방하는 효과가 있으나, 수술 후에 운동량이 감소하고 에너지 소비량이 줄어들어 비만이 될 가능성이 높아진다. 반려동물 중성화 수술의 경우, 수컷은 양쪽 고환만 적출하는 반면에, 암컷은 난자와 자궁을 같이 적출하는 큰 수술이다. 고환, 난자와 자궁은 성호르몬 분비로 인해 에너지를 많이 소모하는 장기인데, 이것을 제거하면 호르몬 분비를 못하고, 발정 기간이 없어져 신체에 필요한 에너지 소비가 줄어든다. 따라서, 중성화 수술 이후에 수술하기 전과 똑같은 양의 음식을 먹게 되면 필요한 에너지보다 더 많이 먹는 것이기 때문에 시간이 지나면 체중이 증가할 수밖에 없다. 중성화 수술 후에는 사료 열량을 10~20% 정도 줄이고, 체중을 계속 확인하면서 사료 급여량을 조절하면서 활동 등을 통해 운동량을 늘려주어야 비만을 예방할 수 있다.

비만이 된 고양이

11. 아기 고양이의 눈 색깔은 왜 모두 같을까요?

생후 10일에서 2주 정도 된 아기 고양이 눈 색깔은 보통 회청색을 나타내며, 신비한 분위기를 자아내는 것을 볼 수 있다. 이는 홍채에 멜라닌 색소가 아직 정착되지 않아 나타나는 색으로 일반적으로 '키튼 블루'라고 불린다. 다만 2개월 정도부터 홍채에 멜라닌 색소가 생산하기 시작하면 본래의 홍채 색깔로 변해간다. 예를 들면 히말라얀과 같이 몸 끝부분의 일부 털색만 짙은 '포인티드(Pointed)' 계열의 품종은 유전자의 영향으로 고양이가 성장하면서 홍채 색깔이 '키튼 블루'에서 '블루'로 변해간다.

눈이 푸른색인 아기 고양이

12. 고양이가 때리거나 깨무는 이유는 무엇인가요?

고양이를 쓰다듬다 보면 갑자기 고양이에게 물리는 경우가 있는데 이는 고양이가 변덕스러운 동물이라 그렇기도 하지만 손을 물어서 원하는 부위로 갖다 대는 의사표현을 하는 것이다. 그렇다고 이로 물려고 할 때 겁이 나서 화들짝 빼버리면 고양이는 삐져서 주인과 외면하거나 거리감을 두려는 듯한 표정을 갖기도 한다. 이런 경우 제대로 대처하지 못하거나 교육시키지 않으면 주인에 대한 잘못된 서열 의식이 자리 잡기 때문에 나중에는 더 심하게 물고 할퀴게 된다.

고양이는 몸에 묻은 이물질을 제거하기 위해 혀에 침을 묻혀 핥아서 털을 다듬는 그루밍 행동을 한다. 고양이는 먹고 자는 시간을 제외하고는 그루밍을 한다. 고양이끼리 서로 핥아주는 곳은 머리나 얼굴 주변처럼 스스로 그루밍할 수 없는 부위이다. 따라서 사람도 고양이의 머리나 얼굴 주변을 쓰다듬어주면 고양이가 좋아하지만, 급소인 배나 다리를 쓰다듬으면 고양이는 대부분 싫어한다. 고양이를 쓰다듬을 때에는 고양이의 작은 혀로 핥듯이 쓰다듬는 것이 좋고 손바닥 전체로 쓰다듬기보다는 손가락 지문 부분으로 부드럽게 쓰다듬는 편이 좋다.

고양이는 사람의 스킨십에 신물이 나면 초조해하면서 사람을 깨물고 싶어 하기 때문에, 너무 집요하게 쓰다듬는 것은 피해야 한다. 꼬리를 좌우로 크게 흔들거나 귀를 뒤로 납작하게 눕히는 행동은 고양이가 스킨십을 지겨워한다는 신호이다.

아기고양이 그루밍하는 모습

13. 고양이 치아 관리는 어떻게 하나요?

고양이 치아에 치석이 쌓이기 전에 플라크를 제거하고 구강질환을 예방하기 위해서 양치질을 하는 것은 중요하다. 양치질 습관을 가능한 한 어릴 때부터 들이는 것이 가장 좋다. 성인이 된 고양이는 양치질을 하려고 하면 더욱 심하게 저항을 할 수 있으므로 새끼 때부터 해주는 것이 바람직하다. 하지만 성묘가 된 후에도 치아관리에 익숙하게 하는 것은 가능하다.

고양이가 자라면서 치아 사이에 각종 음식물 찌꺼기가 쌓이고 이것들이 치석으로 변하게 되어 각종 치아질환을 유발하는 원인이 된다. 칫솔로 치아를 갑자기 닦으면 싫어하므로, 우선은 고양이가 편하게 쉬고 있을 때 고양이가 좋아하는 머리나 목을 쓰다듬으면서 은근슬쩍 입 주변이나 치아를 만져본다. 입을 만져도 거부하지 않으면, 다음에는 따뜻한 물을 적신 거즈나 부드러운 천을 검지에 말아서 치아와 잇몸을 부드럽게 닦아준다. 처음에는 거즈에 고양이가 좋아하는 맛이 있는 닭고기 삶은 물, 참치캔 국물, 습식사료 국물 등을 묻혀서 송곳니 하나만 닦는 것도 좋다.

거즈로 문지르는 것만으로도 어느 정도 적응이 되면 가능한 고양이 전용 칫솔과 치약으로 구석구석 깨끗하게 닦아준다. 기호성이 뛰어난 반려동물용 치약을 이용하면 효소의 작용으로 플라크를 제거하며, 헹굴 필요도 없다. 간혹 사람이 사용하는 치약이나 소금을 사용하는 경우가 있으나 고양이의 건강에는 바람직하지 않다.

익숙해지면 양치질 시간을 서서히 늘려서 치석이 생기기 쉬운 어금니에서 앞니 방향으로 닦으면 좋다. 매일 닦아주는 것이 좋으나, 고양이가 싫어한다면,

일주일에 2~3회, 한 번에 30초 정도 닦아줘도 된다. 양치질만으로 치석을 완벽하게 제거할 수 없으므로 동물병원에서 1년에 1~2회 정도 스케일을 실시하고 정기적으로 치아체크와 함께 구강세정제(마시는 물에 타는 액체 치약), 양치질 간식이나 사료도 이용할 수 있다.

양치질하는 고양이

14. 고양이에게 좋은 사료의 기준은 무엇인가요?

고양이 건강상태, 나이, 사육환경 등을 고려하여 사료의 종류를 선택한다. 일반적으로 건강한 12개월 이하의 고양이는 자묘 전용 사료를 제공하고 1살 이상은 성묘 전용 사료를, 7세 이상은 노묘 전용 사료를 제공한다. 고양이 전용 사료에는 타우린이 포함되어 있어서 별도의 타우린 공급을 하지 않아도 되는 장점이 있기 때문에 고양이 전용사료를 공급하는 것이 좋다.

사료는 건강과 직결되므로 원료를 꼭 확인해야 하며 사료의 등급을 나누고 있다. 유기농(organic), 홀리스틱(holistic), 슈퍼프리미엄, 프리미엄, 마트사료로 분류한다.

유기농 사료는 제조과정에서부터 일체의 합성비료, 농약, 항생제, 유전자조작 식물이나 환경 호르몬이 사용된 바가 없으며 제품에서 검출도 되지 않는 사료이다.

홀리스틱 사료(최고급 사료)는 합성방부제 및 살충제, 항생제 등이 검출되지 않아야 하며 가공하지 않은 곡물을 통째로 사용하고 옥수수, 콩, 밀과 같은 알레르기 유발 가능성 작물을 사용하지 않은 사료이다.

슈퍼프리미엄(고급사료)는 육류함량이 곡물보다 높으며 가장 큰 특징으로 부산물, 육분, 육골분을 사용하지 않은 사료를 의미한다. 또한 합성 보존료 또는 합성 항산화제를 사용하지 않는다.

프리미엄(일반사료)의 가장 큰 특징은 부산물을 사용하며 영양가 없는 부산물의 비중이 많은 사료로 제조한 사료로서 일반 명칭의 출처 불명 재료를 사용한다.

마트용 사료는 저가의 재료, 고열처리, 육류보다 곡물 비중이 높고 곡물도 찌꺼기, 인공 방부제, 색소, 향미료 등을 사용하고 각종 부산물이나 내장, 육골분 등 안 좋은 재료를 사용한다.

하지만 아무리 좋은 성분의 사료여도 반려묘가 먹지 않으면 소용이 없기 때문에, 어느 정도 등급 이상의 사료라면 반려묘가 잘 먹고 잘 싸는 제품을 선택하면 된다.

고양이에게 사료를 주는 모습

15. 고양이 목욕은 얼마나 자주해야 할까요?

대부분 고양이들은 물을 두려워하므로 목욕을 싫어한다. 그러므로 생후 4 개월부터 목욕하는 것을 서서히 길들여야 한다. 단모종 고양이들에게는 목욕을 굳이 자주 하지 않아도 별 문제가 없지만 만약 고양이가 피부병을 앓게 된다면 목욕을 해야 하는 상황이 생기기 때문에 주기적으로 목욕을 시켜주어 목욕에 대한 거부감이 없게 대비해놓는 것이 필요하다. 장모종의 고양이들은 털이 쉽게 더러워지므로 적어도 1개월에 2번 정도는 목욕을 시켜 주어야 한다.

먼저 빗질을 해서 빠진 털을 제거한 다음 귀에 물이 들어가지 않도록 주의하면서 모근까지 물이 스며들도록 천천히 감겨 준다. 그 다음 스펀지에 샴푸를 묻혀 거품이 많이 나게 문지른 다음 골고루 헹구고 다시 린스를 한 후 미지근한 물로 헹궈 준다. 마지막으로 드라이로 털을 말린 다음 빗질을 한다.

비듬이 생겼거나 털이 지나치게 기름지고 떡졌을 때, 오물이 묻었을 때, 목욕을 한다. 보호자가 동물의 각질이나 비듬에 알러지 반응이 있다면 고양이 목욕으로 알러지 반응을 완화할 수 있다.

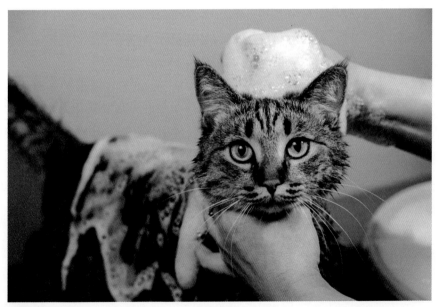

목욕하는 고양이

16. 고양이 발톱 관리는 어떻게 하나요?

고양이 발톱은 발가락 사이에 감추고 있다가 필요할 때 발톱을 펴서 사용하며, 계속 새 발톱이 올라오도록 해줘야 한다. 실내에서 키우는 고양이의 경우 발톱이 너무 자라면 부러지거나 갈라질 수 있으므로 건강한 발을 간직하려면 발톱을 주기적으로 잘라주어야 한다. 보통 앞발의 발톱은 약 2주일, 뒷발의 발톱은 3~4주 간격으로 잘라준다. 발톱을 깎지 않을 때에도 자주 발을 만져 줘서 발을 만지는 것에 대한 거부감을 줄여 놓는다. 발을 잡아서 발톱이 나오게 발가락을 가볍게 눌러 주는 연습만 해주어도 좋다.

나이 든 고양이한테는 발톱 깎는 일이 굉장히 중요하다. 열 살이 넘은 고양이는 스크래치를 이용하지 않는 경우가 많아, 발톱이 두꺼워지고, 갈고리 모양으로 발바닥을 파고들 수도 있기 때문이다. 발톱 안에는 혈관이 있으므로 발톱을 깎을 때는 혈관 바로 앞에까지만 하며 잘라준다. 발톱을 자르다가 출혈이 나올 경우 당황하지 말고 압박지혈을 실시한다.

발톱 깎는 순서는 안아주기 → 발 만지기 → 발가락 눌러서 발톱 내밀기 → 발톱 깎기 순서로 진행한다. 발톱 깎는 것을 싫어하는 고양이의 경우 거부감이 들지 않는 선에서 단계별로 천천히 하루에 발톱 한 개씩만 깎아 나가도 된다. 발톱을 자르다가 출혈이 나올 경우 압박지혈을 실시한다. 즉 깨끗한 솜을 대고 출혈점을 누르면 가벼운 출혈은 곧 지혈이 되지만 계속 출혈이 나온다면 즉시 동물병원에서 치료해야 한다.

고양이 발톱 깎는 모습

17. 고양이가 구토를 할 때 어떻게 하나요?

고양이 혀에는 갈고리처럼 휘어진 유두돌기를 가지고 있으며, 이 유두돌기에는 케라틴을 함유하고 있다. 고양이는 이 케라틴 돌기와 침으로 털을 핥아 스스로를 단장하는 그루밍을 하게 된다. 그루밍을 하면서 고양이들은 위장에 쌓인 털 뭉치를 토해내기도 한다. 그래서 사람에 비해 고양이는 잘 토하는 편이다. 특히 장모종은 털 다듬기(그루밍)를 할 때 삼킨 털 등을 토해낸다. 고양이가 토할 때는 평소 내용물을 꼼꼼히 살펴야 한다. 사료와 털, 풀이 섞여 있다면 정상이라 봐도 무방하다. 헤어볼은 고양이가 그루밍하면서 삼킨 털이 소화기관 내에서 뭉치는 증세이며 삼킨 털의 일부는 변과 함께 배설되나, 일부는 장 내에서 축적된다. 일반적으로는 헤어볼을 토해낼 수 있으나 종종 장 내에 남아 변비를 유발하거나 식욕을 저하시킨다. 헤어볼 제거를 위해 섬유질이 첨가된 건조 사료 또는 헤어볼 캔을 급여하기도 한다. 또한 간식처럼 짜 먹이는 겔 타입의 헤어볼 예방 및 제거제를 사용하기도 한다.

그러나 회충이나 피가 섞여 있거나 약품 냄새가 난다면 주의가 필요하다. 병에 걸렸거나 무언가를 잘못 먹었을 가능성도 있으므로 일단 의심스러운 내용물의 사진을 찍어서 평소 자주 찾는 동물병원에서 상담을 받아야 한다. 구토 횟수가 주 2회 이상, 최근 체중이 줄어듦, 식욕이 급격히 줄어듦, 토사물에 피가 섞여 있음, 설사 증상이 있을 때는 동물병원을 방문하는 것이 좋다.

구토를 하는 고양이

18. 고양이 표정을 보고 기분을 알 수 있나요?

고양이의 얼굴의 표정이나 귀의 위치, 꼬리의 흔들림 등을 통해서 기분을 파악할 수 있다. 고양이의 활발하게 움직이는 커다란 눈동자(동공)는 일반적으로 주위에서 들어오는 빛의 강도에 따라 변화하게 된다. 그런데 동공을 통해 고양이의 기분을 읽어낼 수 있다. 다만 상황에 따라 전혀 반대의 감정인 경우도 있으므로 전후 행동을 잘 관찰해야 한다.

동공 확장: 흥미, 흥분, 불안, 공포인 경우도 있음
동공 중간: 여유
동공 수축: 경계, 혐오감, 편안한 상태인 경우도 있음

고양이의 기분을 직접적으로 반영하는 부위는 귀다. 귀가 서 있거나 누워 있는 것 말고도 귀가 향하는 방향을 통해 고양이의 기분을 파악 할 수가 있다.

귀가 앞쪽으로 세워짐: 흥미진진
귀가 옆으로 살짝 누워 있음: 경계, 긴장, 두려움
귀가 심하게 누워 있음: 공포

고양이의 수염은 방향 감각을 유지하고 공기 흐름을 파악하는 등 중요한 역할을 한다. 수염이 뻗어 있는 방향에도 고양이의 기분이 드러난다. 활기찰 때는 수염이 탄력 있게 팽팽하지만, 몸 상태나 기분이 나쁠 때는 수염도 힘없이 축 처지는 경우가 많다.

수염이 앞으로 쏠림: 흥미진진

수염이 뒤로 말림: 깜짝 놀람

수염이 옆으로 팽팽해짐: 공포

고양이 표정

19. 고양이가 좋아하는 식물은 무엇인가요?

고양이는 특정 식물에 관심을 보이며 좋아하는 경향을 나타낸다. 캣닢(개박하), 캣그라스, 개다래나무(마타타비), 캣민트, 곽향, 개밀, 레몬그라스 등이다. 이 식물들은 키워서 먹이거나 구매하여 먹일 수 있다. 특히, 캣닢과 개다래나무는 고양이들의 스트레스 해소, 우울증 완화, 정서 안정 등의 효과가 있다. 캣닢과 개다래나무를 이용하여 고양이를 교육할 수 있고 식욕이나 음수량이 줄어든 고양이에게도 사료나 물에 캣닢 가루를 뿌려서 식사를 유도할 수 있다. 하지만 위 식물들을 너무 자주 사용하면 내성이 생겨 점점 반응이 약해지고 흥미가 떨어질 수 있으므로 일주일에 2번 정도 급여하는 것이 적합하다. 과량을 섭취할 경우에는 소화불량을 유발할 수 있고 갑상선 문제가 있는 고양이는 캣닢을 급여하지 않는 것이 좋다. 따라서 즐거운 흥분을 유도하기도 하지만 사용할 때 주의가 필요하다.

① 캣닢(catnip)

캣닢은 우리나라에서는 개박하고 불리며 서아시아 및 유럽 원산의 꿀풀과의 여러해살이풀이다. 개박하의 학명은 '네페타 카타리아(Nepeta Cataria)이며, Cataria 학명의 의미는 고양이를 뜻하는 라틴어인 '카투스(Cattus)'에서 유래되었다. 개박하의 꽃과 잎을 건조시켜 가루 형태로 만든 것이 '켓닢(catnip)'이다. 캣닢은 고양이풀, 고양이박하라는 이름으로 불리기도 한다.

② 개다래나무

개다래나무는 한국, 일본, 만주 등 지역에 분포하는 다랫과의 낙엽 활엽 덩

굴나무로서 학명은 '액티니디아 폴리가마(Actinidia polygana)'이다. 흔히 '마타타비(Matatabi)'로 알려져 있으며, 일본에서 유래되었다. 개다래나무의 가지(목질부) 부분을 주로 고양이에게 급여하며 개다래나무의 생잎이나 줄기 열매 등을 주면 고양이는 좋아하나 술에 취한 것처럼 황홀상태가 되는데 이것은 개다래나무 성분이 대뇌나 연수를 자극하여 마비를 일으키기 때문이다.

캣닢

캣닢을 먹는 고양이 사진

개다래나무 잎

개다래나무 줄기

20. 고양이 울음소리의 의미는 무엇인가요?

일반적으로 고양이들은 다양한 행동을 통해 사람에게 친밀도나 감정을 타나내는데 그 중 하나는 야옹을 비롯한 울음소리이다. 고양이에게는 약 20가지의 다양한 울음소리가 있다고 한다. 울음소리를 통한 고양이들끼리 의사소통 수단이라면 그 외에 집고양이도 다양한 울음소리로 자신의 기분을 전한다.

고양이가 우는 방식은 개체마다 차이가 크다. 자꾸 말을 걸거나 혼잣말을 하는 고양이가 있는가 하면 1년에 몇 번 밖에 울지 않는 고양이도 있다. 고양이의 기분을 알기 위해서는 울음소리에만 의존하지 말고 몸짓이나 상황을 통해 종합적으로 판단해야 한다.

희망과 요구: 가장 많이 내는 소리로 식사나 놀기 등 무언가를 조를 때 들을 수 있음. 예) 냐 ~

안정: 갓 태어날 때부터 내는 소리로 대체로 기분 좋은 상태 내는 소리이나, 반대로 몸 상태가 좋지 않은 경우 낼 수도 있음. 예) 골골

대답과 인사: 주인이나 익숙한 사람이 말을 걸 때의 반응. 예) 냐 !

위협해 쫓아낼 때: 손님 등 적으로 간주하는 상대에 대한 위협과 경계의 소리. 예) 꺄오 ! 캭 !

아파서 지르는 비명: 꼬리를 밟혔다든지 강한 아픔을 느꼈을 때 내는 소리. 예) 갸아 ~

맛있어서 기쁨: 식사할 때 맛있어서 자기도 모르게 나오는 소리. 예) 냥냥

관심과 흥분: 창 밖에서 새나 벌레를 발견할 때 덮치고 싶은 기분을 표현. 예) 캭캭캭캭

발정기의 부름: 발정기의 암컷이 수컷을 부르는 소리, 또는 수컷이 부름에 응답할 때 내는 소리. 예) 애 ~~ 옹 ~~ (애기 울음소리 같음)

안심: 긴장이 풀리고 안심하는 순간 새어 나오며, 소리 내는 방식은 개체마다 다름. 예) 후 ~ 훗

21. 고양이의 꼬리 모양으로 고양이 기분을 알 수 있나요?

고양이는 꼬리를 통해서 고양이끼리, 다른 동물이나 사람과 의사소통을 할 수 있다. 고양이의 꼬리에는 미추라고 하는 18~19개의 연결된 짧은 뼈와 12개의 근육이 있어서 미세한 움직임을 만들어 낼 수 있다. 자유자재로 움직이는 꼬리는 점프나 높은 곳에서 뛸 때 균형을 유지하거나 다양한 감정도 표현한다. 꼬리가 이어지는 초입에 피지선이 있어 마킹의 기능도 하고 있다. 개도 꼬리로 감정을 표현하지만 개와 고양이는 그 의미가 다르므로 주의하도록 한다.

관찰 · 대기: 상황을 지켜볼 때 꼬리가 수평보다 약간 위로 올라간다.

우호: 꼬리를 위로 곧추세우고 친하게 지내자고 신호를 보낸다.

기쁨: 꼬리를 위로 세운 상태에서 부들부들 떨면서 기쁨과 만족스러움을 표현한다.

도발: 꼬리를 곧추세워 좌우로 흔드는 건 상대를 깔보는 것이다.

공격 준비: 꼬리를 축 늘어뜨리고 공격 태세를 갖춘다.

방어: 공격 준비와 마찬가지로 늘어뜨리고 있지만 꼬리 끝에 힘이 들어가 있다.

분노: 털을 곤두세우고 꼬리를 부풀린다. 위협을 느낄 때도 같다.

불안: 꼬리가 빳빳이 서 있지만 끝이 말려 있다.

공포 · 복종: 무서워서 꼬리를 다리 안으로 말아 넣어 몸을 작아 보이게 한다.

흥미 · 경계: 꼬리 끝을 탈탈 털 듯이 흔들며 경계하면서도 한편 흥미가 있다.

초조: 꼬리를 바닥에 내리고 좌우로 흔들면서 무언가 마음에 들지 않아 한다.

평화: 꼬리를 지면과 수평으로 뻗고 있다.

고양이의 꼬리 모양

의심	꼬리를 세운 상태에서 끝에만 갈고리 모양을 만든다.	
화남	꼬리와 털을 세우고 크게 부풀린다.	
긴장	꼬리를 곧게 내려 팽팽한 상태로 유지한다.	
경계	꼬리를 낮추고 긴장감을 유지한다.	
경계와 호기심	꼬리를 끝부분만 살짝살짝 움직인다.	
짜증	꼬리를 좌우로 탁탁 치며 휘두른다.	
의심	꼬리를 사선으로 긴장하여 세운다.	
순종	꼬리가 처져 있고 배 쪽으로 말려들어간다.	
기쁨	꼬리를 파르르 떤다.	
신뢰	꼬리를 편안하게 세운다.	
흥미	꼬리를 끝부분만 살짝 든다.	
평화	꼬리를 편안한 상태로 세우고 걷는다.	

자료: NCS 애완동물 미용 학습모듈

22. 고양이가 싫어하는 행동은 무엇인가요?

고양이는 자신의 환경을 필요에 따라서 조성하는 것을 좋아하는 성향을 가지고 있다. 반려 고양이들은 독립적인 영역을 유지하려는 본능적인 욕구가 있지만 쉽게 질리는 성격 때문에 일반적으로 다른 고양이와 함께 살려고 한다. 아무리 사랑한다고 해도 인간적인 애정 표현을 강요하는 것은 오히려 고양이에게 괴로움을 안길 뿐이다.

<고양이가 싫어하는 행동>

빤히 쳐다보기: 고양이 세계에서 상대방이 눈을 빤히 응시하는 것은 선전포고로 느껴서 매섭게 째려보는 것처럼 느낀다. 눈이 마주쳤을 때 천천히 깜박이면 사랑의 사인으로 바뀐다.

졸졸 따라다니기: 고양이 주변을 계속 따라다니면 귀찮게 느낀다. 고양이가 오라고 권하는 경우 말고는 보고도 못 본 척 무심하게 대한다.

숨는 장소 찾아내기: 노출이 잘 안 되는 곳에 숨어서도 주인을 응시하거나 다리를 내놓고 움직여 보일 때가 있다. 이런 경우 말고는 숨고 싶어 하는 습성을 가지고 있으므로 내버려 두는 것이 좋다.

끈질기게 만지기: 안거나 쓰다듬는 걸 좋아하는 고양이라도 기분이 내키지 않을 때는 싫어한다. 만지는 걸 싫어하는 성격이라면 한층 더 심하다. 특히 꼬리나 육구(발볼록살)를 만지는 것은 더욱 싫어한다.

큰 소리: 고양이는 큰 소리를 싫어한다. 노래를 부르면 화를 내는 고양이도 있고, 재채기나 기침을 싫어하는 고양이도 적지 않다.

돌발적인 큰 동작: 주인을 아주 좋아하는 고양이일지라도 갑자기 동작을 크게 하면 깜짝 놀라 스트레스를 받게 되므로, 항상 침착한 태도로 상대한다.

고양이

23. 반려묘 용품으로 무엇이 필요한가요?

① 식기(밥그릇, 물그릇)

반려묘의 식기는 재질에 따라 스테인리스, 도기 재질, 플라스틱 등이 있다. 도기 재질 식기의 경우 고양이들이 장난치는 과정에서 깨질 수 있으므로 조심하여야 한다. 플라스틱 재질 식기의 경우 세균 번식에 용이하고 고양이의 발톱에 의해 스크래치가 많이 생길 수 있어 자주 교체해주어야 한다. 반려묘의 식기를 고를 때는 적당히 무게가 있고 사료와 물그릇이 따로 분리 되는 식기를 선택하는 것이 바람직하다.

② 스크래처

스크래처는 고양이가 발톱을 가는 데 필요한 물품이다. 고양이는 스크래치라는 행동을 한다. 이 행동을 하는 이유는 여러 가지가 있는데 먼저 발톱관리를 위해서 필요하다. 고양이의 발톱은 여러 겹으로 구성되어있는데, 스크래치를 통해 맨 바깥쪽 한 겹의 발톱이 벗겨지고 안쪽에서 새로운 발톱이 나온다. 다음으로 영역표시를 위한 스크래치를 한다. 고양이가 영역표시를 할 때에는 쭉 일어서서 키가 큰 고양이라는 것을 과시하기 위해 높은 곳에 시도 한다. 마지막으로 흥분한 경우에도 이 행동을 하게 되는데 주인이 집에 돌아왔을 때나 사료 봉지를 뜯을 때 등 이 행동을 통해 스트레스를 해소하기도 한다.

③ 화장실과 모래주걱

고양이 화장실은 일반적으로 플라스틱 재질로 구성되어 있다. 어린 고양이의 경우 출입하기 편하도록 입구 높이가 적당한 것을 고르거나 드나들기 쉽게 계단을 만들어 주는 것이 좋다. 고양이의 화장실은 환기 시기, 사육 환경 등을 고려하여 지붕이 있는 경우나 없는 경우를 선택하는 것이 좋다.

④ 전용모래

고양이의 화장실 전용 모래는 일반 모래와 달리 여러 가지 기능이 있다. 고양이 전용 모래의 종류로는 흡수형 모래, 응고형 모래, 실라카겔 모래 등이 있다. 흡수형 모래의 경우 대변의 경우 전용 주걱으로 떠서 변기에 버리고 소변은 계속 흡수되도록 놔둘 수 있으나 냄새가 나고 고양이가 싫어할 수 있다는 단점이 있다. 응고형 모래의 경우 고양이가 가장 좋아하는 형태의 모래로서 흡수형 모래보다는 냄새가 많이 나지 않는 장점이 있다. 그러나 집안에 모래가 많이 날릴 수 있고 소모량이 많아 유지비가 올라 갈 수 있다는 단점이 있다. 그리고 실리카겔 모래의 경우 일반적인 모래보다는 먼지가 적고 가벼우나 밟았을 때의 촉감이 모래와 달라 싫어하는 고양이가 있을 수 있다는 단점이 있다.

⑤ 발톱깎이

고양이의 발톱은 동물 전용 발톱깎이를 사용해야 발톱이 갈라지는 것을 막을 수 있다. 동물 전용 발톱깎이는 사람용과는 달리 가위의 형태로 되어 있으며 강아지와 함께 사용할 수 있다. 발톱을 자른 후 연마기를 사용해 날카로운 부분을 갈아주는 경우도 있다.

⑥ 빗

장모종 경우 일자 빗과 브러시를 사용하며 단모종의 경우 솔의 형태나 고무 재질의 빗을 사용한다. 손에 끼고 빗는 형태의 장갑형 빗도 있다.

식기

스크래처

화장실과 모래주걱

전용모래

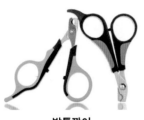

발톱깎이

빗

24. 고양이의 질병 징후를 알 수 있나요?

고양이는 반려견에 비해 질병으로 인해 자주 아픈 편은 아니나, 최근 반려묘의 사육이 증가함에 따라 질병 발생이 해마다 증가하고 있다. 그렇기 때문에 고양이에게 눈에 띄는 어떤 변화가 나타났을 때는 병이 꽤 진행된 경우도 있다. 더불어 노묘는 신장이나 호르몬 계열의 질환에 걸리기 쉬운데, 이는 조기 발견과 치료를 통해 진행을 늦추거나 완치할 수 있다.

고양이가 평소와 다른 모습을 보인다면 일단 주의해보고, 다음의 체크리스트를 통해 확인하고 의심스러우면 병원을 방문한다.

<질병 징후 체크리스트>

서늘한 장소로 이동: 컨디션 저하로 체온이 떨어졌는지 의심한다.

하루 이상 기운이 없음: 큰 병의 가능성도 있으므로 계속되면 병원을 방문한다.

시선이 맞지 않음: 망막출혈 등 눈 질환이나 뇌 질환일 가능성이 있다.

주위에 무관심함: 강한 통증을 느끼거나, 뇌에 문제가 있거나, 병의 말기 증상일 수도 있다.

호흡이 얕다/입으로 호흡: 폐, 심장계 질병이나, 갑상선기능항진증이나, 흉수가 차 있을 가능성도 있다.

떨림 증상: 간질과 뇌 질환, 중증 신장병, 간장 질환, 저혈당으로 유발되는 경우도 있다.

흰자위가 누렇게 나타남: 간장 질환에 따른 황달일 수 있다.

입의 통증/구취: 치석, 치주 질환, 구내염일 수 있다. 악성종양의 일종인 편평상피함인 경우도 있다.

구토가 잦음: 췌장염, 갑상선기능항진증의 경우가 많고, 위장에 종양이 생겼을 가능성도 있다.

배가 부풀어 있음: 복수가 차 있는지 의심된다. 암으로 내장이 부은 경우도 있다.

밥을 먹지 않음: 큰 병의 가능성도 있기 때문에 계속되면 병원을 방문한다.

물을 너무 많이 마심: 신장병, 당뇨병, 갑상선기능항진증 등이 의심된다.

소변의 횟수가 많음: 방광염, 요로결석이 의심된다.

25. 펫로스 증후군(Pet loss syndrome)을 치유할 수 있는 방법은 무엇인가요?

　　반려동물을 잃은 슬픔에 빠져 우울해지는 증상을 펫로스 증후군이라고 한다. 펫로스 증후군을 치유하기 위해서 먼저 반려동물의 죽음을 받아들이고 슬퍼하는 것이 중요하다. '슬픈 기분'을 충분히 표현하면 슬픔은 어느새 추억으로 바뀌고 다시 일어설 수 있는 계기가 찾아온다. 후회 없는 치료와 간병을 해낸 반려인은 중증 펫로스 증후군에 빠지는 경우가 적다. 따라서, 반려동물의 임종기에 최선을 다하는 것이 펫로스 증후군을 극복하는 길이 될 수 있다.

　　펫로스 증후군은 완화하기 위한 방법은 다음과 같다.

　　슬픔을 지인에게 이야기한다: 슬픈 기분을 혼자서 떠안으면 괴롭기 때문에, 가족이나 친구에게 이야기함으로써 슬픈 마음이 해소된다. 지인에게 이야기하다 보면 슬픔의 원인 더 명확해지고, 감정정리에 도움이 된다.

　　초조해하지 않고 무리하지 않는다: 펫로스 증후군에 의한 상실감으로 일상생활에 지장을 줄 수도 있지만, 너무 무리하지 말고 천천히 극복한다. 시간이 걸리더라도 괜찮다 생각하고 초조해하지 말자. 자신의 마음을 정리하는 '준비 기간'이라고 생각한다.

　　공감할 수 있는 사람과 이야기 한다: 반려동물을 떠나보낸 사람을 만나 경험담을 듣거나 서로의 추억을 나누는 것도 좋다. 서로에게서 공감을 받는다면 마음이 치유되고 다시 일어설 수 있는 계기가 찾아온다. 슬픔을 공유하면 그 슬픔이 반으로 줄어들기도 한다. 솔직한 기분을 대화로 표현한다.

반려동물의 죽음으로 많이 힘들겠지만 시간을 갖고 천천히 받아들이고 충분히 슬퍼한다. 그러다보면, 슬픔이 어느새 추억으로 바뀌어 결국 펫로스 증후군을 극복할 수 있을 것이다.

고양이와 사람이 함께 있는 모습

토끼

1. 토끼의 기원은 언제부터인가요?

전 세계에 살고 있는 토끼는 기원전 3000년경에 가축화된 것으로 추정된다. 고대 로마시대 때부터 식용 또는 모피용으로 품종이 개량되었으며, 1859년 영국에선 처음으로 토끼 품평회가 개최되었다.

토끼의 원산지는 이베리아 반도로, 고대 로마시대부터 이미 사육과 식용소비가 행해졌으며 프랑스에서는 국왕 필립 2세 시대에 도입되어 수도원 영지의 사육장에서 기르기 시작했다.

토끼(굴토끼)의 경우 야생에서 매우 빠르게 프랑스 전역으로 퍼졌으며, 토끼가 지나간 자리의 작물은 큰 피해를 입어 유해동물종으로 분류되었다.

현대의 품종 개량 덕택에 고기, 가죽, 또는 털 등 특정한 소비 목적에 최적화된 토끼 사육이 가능해졌으며 프랑스에서는 1970년대에 들어서야 토끼 케이지 사육이 시작되었다.

현재 세계적으로 존재하는 토끼의 품종으로는 150여 종이 되며 사육되는 토끼는 유럽 굴토끼의 후손인 집토끼류이다. 우리나라는 고려시대부터 토끼를 이용한 것으로 기록에 남아있다.

토끼

2. 토끼의 분류는 어떻게 되나요?

토끼는 포유강, 토끼목, 토끼과의 초식동물로 2과 12속 59종으로 분류된다. 위턱의 앞니가 2쌍이 있어 중치목이라고도 한다. 토끼는 일반적으로 멧토끼류와 굴토끼류로 나뉜다.

멧토끼류는 영어로 헤어(hare)라고 하며, 굴을 파지 않고 사는 멧토끼류로 산토끼라고 한다. 대체로 귀가 훨씬 크고 몸에 비해 머리가 작은 편이고 팔꿈치에서 팔목까지의 길이가 무릎에서 발뒤꿈치까지의 4분의 3정도의 길이이며 앉았을 때 몸이 앞으로 경사지는 형태이다. 지상에서 새끼를 낳으며 태어난 새끼는 눈을 뜬 상태로, 털이 있고 뛰어다닐 수 있다는 점이 집토끼와 다른 점이다. 유럽에서 아프리카에 걸쳐 분포하는 숲토끼·인도멧토끼 등이 포함된다.

굴토끼류를 영어로 래빗(rabbit)이라고 하며, 굴을 파고 사는 토끼류로 집토끼라고 한다. 팔꿈치에서 발뒤꿈치까지의 길이가 무릎에서 발뒤꿈치까지의 길이의 절반 정도이며 앉았을 때 몸이 지면과 평행을 이루는 형태이다. 지상에서 생활하는 것이 아닌 땅속에 굴을 파고 살며 굴 속이나 바위 밑에 만들어 놓은 보금자리에 새끼를 낳는다. 갓 태어난 새끼는 멧토끼류와 달리 눈을 감고 있고 털이 없다. 일본에 서식하는 멕시코토끼, 유럽 중부와 남부에서 북아프리카에까지 분포하는 굴토끼 등이 포함된다. 집토끼의 여러 품종들은 이 굴토끼류로부터 만들어졌다.

토끼를 용도에 따라 분류하면 실험동물용, 양모생산용, 육류생산용, 애완용으로 나눌 수 있다.

실험동물용에는 일본 백색종, 뉴질랜드 화이트 종 등이 있고, 양모생산용에는 앙고라(Angora) 종류, 렉스(Rexes) 종, 친칠라(Chinchilla) 종 등이 있다. 육류생산용에는 후레미쉬 자이언트(Flemish gaint) 종, 벨기에(Belgian) 종 등이 있고, 애완용엔 롭이어(Lop ear), 렉스(Rexes), 더치(Dutch), 히말라얀(Himalayan) 종 등이 있다.

뛰어다니는 여러 마리의 토끼

3. 토끼의 신체적 특성은 무엇인가요?

토끼의 귀는 길고 날씬하며 자유롭게 움직이고 소리를 모을 수 있다. 그리고 땀샘이 없고 가는 혈관이 모여 있어 열을 발산하여 체온을 조절한다. 실험동물의 경우 귀 혈관을 통해 정맥주사 및 채혈을 실시한다.

토끼의 눈은 얼굴 옆쪽에 있어 시야가 매우 넓지만 시력이 발달하지는 못했고 색을 구분 못하는 색맹이다. 토끼의 눈이 빨간 이유는 홍채에 멜라닌 색소가 없기 때문이다.

토끼의 입은 윗입술이 2개로 갈라져(hare lip) 있어 자유롭게 움직일 수 있다. 수염은 주위 상황을 파악하는 중요한 감각 기관으로 자리 잡혀 있다.

토끼의 치아는 닳지 않고 계속 자라 위험하기 때문에 단단한 사료 및 이를 갈 수 있는 단단한 나무를 씹게 하여 갈아주어야 한다.

토끼의 앞발은 뒷발에 비해 짧고 발가락은 5개이다. 뒷다리는 크고 강하여 뛰어오르고 달리기에 적합한 구조로 되어 있다. 뒷발의 발가락은 4개이며, 뒷발로 점프, 앞발로 균형을 잡아 착지한다. 발바닥은 털로 덮여 있어 쿠션 역할을 한다. 따라서 평지에서 시속 80km 정도까지 속도를 낼 수 있고, 눈 위에서도 미끄러지지 않고 달릴 수 있다.

토끼 이빨

4. 토끼의 행동적 특성은 무엇인가요?

토끼의 머리를 쓰다듬으면 기분이 좋아 눈을 감고 이를 간다. 빙글빙글 도는 행동은 토끼가 즐겁거나 애정을 표현하는 행동이며 구애의 표현이기도 하다. 기분이 매우 좋을 때에는 점프하거나 공중 트위스트를 한다. 놀랐거나 화가 났을 때는 한발 또는 양 발을 이용해 발을 굴러 바닥을 친다. 앞발로 땅 파는 흉내를 내는 행동은 재미로 하거나 불만을 표현한다. 주위를 경계할 때는 뒷다리로 일어서서 귀를 쫑긋한다. 밥그릇에 오줌을 싸는 행동은 위치나 내용물이 맘에 들지 않아 불만을 표출하는 행동이다. 평소에는 울지 않으나 고통, 공포를 느낄 때에는 신음소리나 비명을 지른다.

서로 인사할 때에는 코로 콩콩 찍는다. 얼굴과 귀를 발로 닦고 털을 단장하며, 턱밑에 냄새를 뿌리는 기관이 있어 아래턱을 문지르거나 소변을 뿌려 자기 영역임을 표시한다.

토끼는 지극히 자연스로운 행동으로 자기 변을 먹는 행동인 식분행동을 한다. '식분행동'은 '식분증'으로도 불리며 자신의 대변을 먹는 행위로, 토끼, 설치류에서 나타나는 행동으로 아직 소화되지 않은 영양소와 비타민을 보충하기 위해 먹는 것이다. 토끼의 식분행동이 보기 싫다고 대변이 보이는 대로 치우게 되면 토끼의 건강이 나빠질 수 있다.

다음으로는 건강한 토끼 특징은 다음과 같다.

건강한 토끼는 털이 풍부하며 윤기가 있고 잘 정돈되어 있다. 털을 불었을 때 살이 드러나거나, 비듬이나 딱지가 보이면 건강이 좋지 않은 것이다. 대변이

동글동글하고 항문이 깨끗하며 코가 보송보송하면 건강한 토끼이다. 그리고 치열이 가지런하고 위쪽 앞니 뒤로 아래 앞니가 물려져 있다.

뛸 때 네발이 균형 있게 땅을 디디는지 살펴보아야 하며, 다리를 제대로 지탱하지 못하고 미끄러지는 것을 주의 깊게 봐야 한다. 앞발 털이 젖어 있거나 엉켜 있으면 감기나 콧물을 흘리는 토끼이며, 귀 안쪽에 딱지가 보이면 주의해야 한다. 눈곱이 없고 눈물 자국이 없는 토끼가 건강하다.

건강한 토끼

5. 드워프와 롭이어 토끼의 특징은 무엇인가요?

드워프(Dwarf)의 원산지는 네덜란드이며, 체중은 1~1.5kg이다. 털색은 백색, 회색, 아구티, 블랙, 세이블, 알록달록한 색 등으로 다양하다. 드워프는 1940년에 더치와 백색 플리쉬의 교배로 만들어졌으며, 기존 토끼들에 비해 작은 크기이다. 동그란 눈과 얼굴, 짧은 귀, 부드럽고 촘촘한 털을 가지고 있으며, 물을 좋아하고 갇히는 것을 싫어한다. 번식력이 다른 토끼들에 비해 좋지 못하다는 특징을 가지고 있으며, 현재 가장 대중화되었고 사랑받고 있는 토끼이다.

롭이어(Lop Ear)의 원산지는 영국, 프랑스, 터키이며, 체중은 4.5kg이다. 롭이어는 매우 다양하게 개량되었는데 영국에서 처음 개량된 잉글리쉬롭이 모든 롭의 조상격이다. 국내에는 프렌치롭, 드워프롭, 미니어처롭이 대부분인데 그 외에 네덜란드롭, 캐시미어롭, 아메리칸 퍼지롭 등이 있다. 롭이어의 길게 처져있는 두 귀가 대표적인 특징이다.

드워프(Dwarf)

롭이어(Lop Ear)

6. 더치와 라이언 헤드의 특성은 무엇인가요?

더치(Dutch)의 원산지는 네덜란드이며, 개량은 벨기에에서 이루어졌다. 체중은 1.5~2kg이며, 털색은 흰색과 검정, 흰색과 갈색, 흰색과 연회색 등 2색 패턴과 노란색이 들어간 3색 패턴이 있다. 3색 패턴은 더치와 할리퀸이 교배되어 만들어졌다. 일명 '팬더 토끼'라고 불리며 앞부분은 하얗고, 중간에 뚜렷한 경계, 뒷부분은 짙은 무늬, 뒷발은 하얀색이라는 특징을 가지고 있다. 15세기에 기록된 오래된 토끼이며 수많은 애완토끼가 더치에서 개량되었다.

라이언 헤드(Lion Head)의 원산지는 벨기에이며, 체중은 1.5~2kg이다. 털색은 오렌지빛 갈색, 흰색, 흰색과 검정 얼룩, 세이블 등이 있다. 라이언 헤드 이름처럼 얼굴 주변의 털이 사자의 갈기를 닮았다. 어렸을 때 갈기 털이 나기도 하고, 뒤늦게 자라기도 하는데 출산이나 털갈이로 빠진 갈기 털이 다시 나지 않을 수도 있다. 성장 후에도 2kg을 넘지 않는 드워프의 개량종이다.

더치(Dutch)

라이언 헤드(Lion Head)

7. 친칠라와 렉스의 특성은 무엇인가요?

친칠라(Chinchilla)의 원산지는 프랑스이고 체중은 2.5~3.5kg이지만, 자이언트 친칠라는 5kg 전후이다. 털색은 뿌리는 청회색, 중간은 진주빛, 끝은 블랙인 회색톤의 아구티이다. 1913년 프랑스의 전시회에 처음 등장하였으며, 균일하지 못한 친칠라의 모피를 적용하기 위해 만든 품종이다.

렉스(Rexes)의 원산지는 프랑스이며, 체중은 2.7~3.6kg인데, 미니렉스는 1.4~1.8kg이다. 털색은 진회색, 오렌지빛 갈색, 회색, 흰색에 갈색 얼룩무늬 등 다양하다. 렉스는 모피용으로 만든 품종으로, 조밀하고, 융단처럼 부드러운 촉감을 지닌 짧은 털을 가지고 있다. 따라서 애완용보다는 모피용으로 많이 사육되었다.

친칠라 (Chinchilla)

렉스 (Rexes)

8. 앙고라와 할리퀸의 특성은 무엇인가요?

앙고라(Angora)의 원산지는 터키 앙가라이지만 영국과 프랑스에서 개량되었다. 체중은 2~5kg이며 털색은 백색, 금색, 회색 등으로 다양하다. 털이 몸 전체에 10cm 이상 덮고 있으며, 이 털은 털실이나 직물을 만드는데 이용되었다. 잉글리쉬 앙고라, 프랑스 앙고라, 자이언트 앙고라, 새틴 앙고라 4종류로 이루어져 있는데 잉글리쉬와 프랑스종이 오리지날이다.

할리퀸(Harlequin)의 체중은 2.5kg 내외로, 털색은 검은색 – 갈색(주황색), 검은색 – 흰색, 갈색(주황색) – 흰색이 있는데 흰색 조합은 '맥파이'라고도 한다. 몸 좌우의 털색이 완전한 대비를 이루는 것이 특징이며, 한쪽 귀 색깔이 다른 쪽 귀와 정반대색을 가지고 있는데 이러한 털 색깔의 결합 방식을 할리퀸이라 불린다. 특유의 모색 패턴은 순종에 가까워야 잘 나타나기 때문에 예쁜 할리퀸 토끼들은 몸이 허약하다.

앙고라 (Angora)

할리퀸 (Harlequin)

9. 히말라얀과 뉴질랜드 화이트의 특성은 무엇인가요?

히말라얀(Himalayan)의 원산지는 히말라야이고, 영국에서 개량되었다. 체중은 1.5~2.5kg이며 털색은 흰색에 귀, 코, 네발, 꼬리는 검정색이다. 기온에 따라 귀, 코, 꼬리, 다리 등의 끝부분의 색깔이 변하는데 주위의 온도가 내려갈수록 이 부분의 털 색깔이 더욱 진하게 바뀐다는 특징을 가지고 있다. 검은색 순종은 포인트가 검지만, 현재는 푸른색이나 보라색 등도 순종으로 인정한다.

뉴질랜드 화이트(New Zealand White)는 가장 일반적으로 볼 수 있는 토끼의 모습으로, 하얗고 짧은 털에 빨간 눈을 가지고 있다. 체중은 4~5kg이다. 재패니즈 화이트도 거의 유사한 외모를 가지고 있으며, 하얀 털이 조밀하게 나 있지만 그 털을 만져보면 보기보단 거칠게 느껴진다.

히말라얀 (Himalayan)

뉴질랜드 화이트 (New Zealand White)

10. 토끼 사육관리는 어떻게 해야 하나요?

토끼를 기르기에 적합한 환경과 먹이에 대해서 알아보면 다음과 같다.

① 환경

토끼가 지낼 집의 위치는 고양이, 개, 쥐 등이 접근할 수 없고 조용하고 통풍이 잘 되어야 한다. 또한, 외풍이 심하지 않은 장소여야 하며 춥거나 더운 곳은 피하는 것이 좋다.

토끼는 추위에 강하고 더위에 약한 동물이므로 야외에 집을 마련해 줄 경우 햇빛이 잘 들고 배수가 용이한 곳으로 하는 것이 좋다. 여름에는 햇빛을 가릴 수 있도록 하고 외풍이 강한 계절에는 건초 같은 것을 이용하여 외풍을 막아 주어야 한다.

실내에서 사육할 경우 토끼 우리 공간은 토끼가 뒷다리로 설 수 있을 정도의 높이를 가진 공간을 가져야 한다. 토끼는 예민한 동물이기 때문에 우리의 공간이 충분해야 한다. 토끼가 가장 쾌적하게 생활할 수 있는 온도는 17~23℃로 너무 춥거나 덥지 않도록 하지만 여름에 에어컨 바람을 맞게 해서는 안 된다. 단기간 외출을 할 경우 얼린 물이 담긴 페트병을 우리 안에 넣어 주는 것도 좋은 방법이다.

② 토끼 운동

토끼에게 운동은 신체적, 정서적으로 건강을 유지시켜 주는 데 좋은 활동이다. 운동을 시킬 때에는 매주 1회의 시간을 정해 우리 바깥에 꺼내 놓거나 산책을 시키는 것이 좋다. 더운 날 강한 햇빛 아래에서 장시간 운동은 하지 않는 것이 좋다. 또한 무리한 운동은 피하고 토끼가 하고자 하는 것을 할 수 있도록 자유롭게 하도록 하고 토끼에게 운동을 시킬 때는 위험으로부터 보호할 수 있도록 보호자가 지켜보아야 한다.

③ 변 가리기 훈련

토끼의 화장실은 일정한 장소에 건초나 부드러운 모래를 채운 용기를 설치하여 마련해 주는 것이 좋다. 배변 훈련을 시킬 때는 냄새가 나도록 화장실 안에 토끼의 변을 넣어 두고 냄새를 맡게 하여 이곳이 화장실임을 인식시켜 준다. 화장실 이외의 장소에 변을 봤을 경우 바로 청소 해준 후 탈취제 등을 이용하여 냄새를 완전히 제거해 주어야 한다. 이때 다른 곳에 배변을 보았다고 해서 토끼를 혼내는 것은 토끼가 이해를 하지 못할 뿐만 아니라 공포감을 줄 수 있으므로 하지 않는 것이 좋다. 토끼가 안절부절 못하며 화장실에 갈 것 같은 행동을 보일 때 바로 화장실로 데려가는 행동을 반복하여 토끼가 스스로 화장실에 가는 것을 학습할 수 있도록 한다.

④ 청소

토끼우리를 청소해 줄 때에는 먼저 토끼를 우리에서 꺼내고 음식 그릇, 급수기, 바닥 등을 꺼내 준 후 바닥 깔개로 쓰던 것은 버리고 우리 안에 남아 있는 쓰레기나 변 등을 제거해준다. 그 후 브러시, 솔 등의 청소도구들을 이용하여 청소를 시작해준다. 먼저 음식 그릇에 남아 있는 음식물들은 버린 후 물로 깨끗하게 씻은 후 물기를 잘 제거해준다. 용기가 다 마르면 새로운 음식을 넣어 준다. 급수기는 가볍게 씻어주고 입구가 막히지 않았는지 확인해 준 후 바깥쪽은 마른 수건으로 말끔히 닦아주고 안에 새로운 물을 보충 해준다. 다음 우리 속에 새로운 모래나 건초 등을 넣고 원래 있던 장소에 놓아준다.

⑤ 먹이

토끼의 먹이는 생후 3개월 이전에는 건초를 급여하고 그 이후에는 채소와 건초 위주로 제공한다. 특히 건초는 하루 종일 먹을 수 있도록 넉넉히 제공한다. 토끼가 먹어도 되는 채소는 배추잎, 무잎, 브로콜리, 파슬리 등이며 곡물류, 밀, 보리, 옥수수 등은 비만이나 중독의 우려가 있어서 제공하지 않는 것이 좋다. 토끼의 사료에는 인공 사료, 비만 방지용 단백질 강화 사료인 특수 인공 사료, 멸치와 마른 음식류 등이 함유된 보조 사료 등이 있다. 토끼에게 저급 펠렛 사료만 먹일 경우 여러 가지 부작용이 일어날 수 있다. 대표적인 증세로는 섬유질 부족으로 인한 장염, 위 정체, 비만 등의 질병이 나타날 수 있고 먹이를 씹는 회수의 부족으로 인하여 부정 교합 등이 생길 수 있다.

토끼가 채소를 많이 섭취 할 경우에는 물을 많이 마시지 않을 수 있으나 신선한 물을 충분히 준비해 주는 것이 좋다.

봄에는 토끼 기호성에 맞는 풀이 많이 나오므로 적당한 양을 매일 제공하고, 여름에는 더위로 인하여 식욕이 저하되기 쉽고 특히 나이 든 토끼의 경우 수분이 많은 과일, 풀, 목초 등을 먹여서 원기를 돋아 주는 것이 좋다. 이 때 수분이 많은 먹이는 설사의 원인이 되기 때문에 변 상태를 체크해 주어야 한다. 그리고 가을에는 토끼의 식욕이 되살아나 더위로 부실해진 체력을 보충해주고 겨울에는 인공 사료 중심의 먹이를 공급해 주는 것이 좋다.

⑥ 건강 체크

토끼의 건강 상태를 체크할 때에는 피모상태, 귀, 눈, 입 등을 살펴보아야 한다. 먼저 털을 손질하면서 피모의 상태를 잘 관찰해주고 귓속에서 냄새가 나는지, 색깔이 이상하진 않은지 등을 체크한다. 그리고 밝은 곳에서 눈빛을 살펴보고 조심스럽게 입을 열어 앞니가 너무 자라진 않았는지 체크해 준다. 그 후 발톱과 발의 상태를 살펴주고 체중을 측정하여 갑자기 체중이 줄거나 늘었는지 확인해 주고 항문이 더럽진 않은지 살펴준다. 이 외에도 평소 꾸준하게 사육 노트를 기입하여 그날그날 토끼의 상태, 먹이, 놀이 등을 기록해 주고 예방 접종 카드를 잘 관리하여 토끼의 질병, 예방 접종, 구충제 투여 등을 관리해 주는 것이 좋다.

햄스터

1. 햄스터의 유래와 역사는 무엇인가요?

햄스터는 설치목 비단털쥐과 비단털쥐아과에 속한 포유류이며 우리나라에서는 1990년대부터 애완동물로 사육되기 시작되었다.

햄스터의 기원을 살펴보면, 1839년 중동 시리아에서 영국의 동물학자인 조지 워터하우스에 의해 최초로 발견되었다. 최초로 발견된 햄스터는 골든 햄스터(*Cricetus anratus*)라고 이름을 지었으며, 조지 워터하우스에 의해 과학적으로 분류되었다. 이 햄스터는 현재 영국 박물관에 박제의 형태로 전시되어 있다.

그 후 1930년 이스라엘의 동물학자 알레포니 교수가 시리아의 한 사막에서 암컷 햄스터와 새끼 햄스터들을 발견했으며 햄스터를 실험동물로 연구하기 위해 이들을 포획하여 자신의 연구실로 데리고 왔다. 하지만 이동 과정 중 새끼들의 일부가 죽고, 탈출을 하기도 했지만 예루살렘 헤브르 대학 연구실 안에서 성공적으로 새끼를 출산하였다. 이로써 골든 햄스터가 처음으로 사람의 손에서 자라게 되었고 그 후 두 쌍의 골든 햄스터가 영국의 유명한 연구소에 실험동물로써 보내졌고 다른 햄스터들도 여러 국가에 보내졌다.

유럽과 미국에 보내진 햄스터와 그 새끼들 모두는 1930년 시리아에서 수집된 햄스터의 자손들이며 러시안과 중국 햄스터는 1970년도부터, 로보로브스키는 1990년도부터 애완동물로 사육되기 시작했다.

햄스터

2. 햄스터의 특성은 무엇인가요?

햄스터의 몸길이는 다 성장해도 10cm, 꼬리 길이는 2cm 정도이다. 수명은 2~3년이지만 8년 이상 사는 경우도 있으며, 한 번에 8~19마리 정도의 새끼를 낳는다. 낮에 일어나고 밤에 활동하는 야행성으로, 24시간 중 13시간은 잠으로 자며 보낸다.

건강한 햄스터는 눈에 눈물, 눈곱 등이 끼어 있지 않아야 하며 귀가 곧고 바로 서 있어야 한다. 털에 윤기가 나며 고르게 나 있어야 하고 몸에 상처나 엉덩이에 설사 흔적이 없어야 한다. 그리고 손으로 잡았을 때 힘있게 빠져나가려는 개체가 건강한 개체이다.

햄스터의 신체적 형태적 특성을 살펴보면, 햄스터의 눈은 색 구별을 잘하지 못하지만 어두운 곳에서 잘 볼 수 있다. 코는 후각이 발달하여 적과 아군을 구별할 수 있고, 먹이를 찾거나 암수의 발정 신호를 알아낼 수 있다. 코 주위엔 긴 수염이 있어 주변의 위험 신호를 감지할 수 있는 안테나의 역할을 한다. 입에는 좌우에 주머니가 하나씩 있어 먹이를 모아 놓을 수 있는 가방 역할을 한다. 굴을 잘 팔 수 있는 날카로운 발톱을 지녔으며 발가락의 힘이 매우 강해 우리를 잡고 올라갈 수 있다.

햄스터의 행동적 특성을 살펴보면, 햄스터는 서로의 몸을 살짝 물거나 닦아주는 행동으로 사랑한다는 애정을 표시한다. 하품을 하거나 기지개를 펴면 햄스터가 만족스러운 상태인 것이고, 제자리에서 높이 뛰어 오르면 기분이 매우 좋은 상태인 것이다. 볼에 힘을 주어 부풀리면 햄스터가 상대방 햄스터에게 위협을 가하는 것이고, 귀가 뒤를 향하고 있으면 피곤하거나 불안한 상태인 것이다.

3. 햄스터 사육관리는 어떻게 해야 하나요?

햄스터의 수명은 2~4년 정도이며 8년 이상을 사는 경우도 있으므로 기르기에 적합한 환경과 먹이에 대해서 알아보면 다음과 같다.

① 먹이

햄스터의 기본 먹이는 주로 햄스터 전용 사료, 씨앗 종류, 과일 등을 사용하며 먹이를 줄 때 너무 차거나 뜨거운 것은 주면 안 된다.

씨앗 종류의 중 하나인 해바라기씨는 햄스터가 가장 좋아하는 먹이 중 하나이다. 너무 자주 급여할 경우 해바라기씨만 골라 먹는 상황이 발생할 수도 있고 해바라기씨 안에 있는 지방 성분으로 인하여 비만이 될 수 있어 주의해야 한다. 햄스터에게 먹이를 줄 때에는 주로 저녁이나 밤 시간대에 먹이통의 1/3 정도만 채워주고 후에 없어진 양만큼만 보충해주면 된다. 햄스터가 비만이 되었을 경우에는 해바라기씨, 땅콩과 같은 지방이 많은 먹이는 줄이고 야채나 과일 등을 적당히 주는 것이 좋다.

햄스터에게 물을 줄 때에는 생수를 급여하는 것이 좋으나, 수돗물을 주게 될 경우 수돗물을 끓여서 식히거나 하루가 지난 후에 준다. 물 대신 가공하지 않은 채소나 과일로 수분 보충을 해줄 수 있으며 과일이나 채소를 급여할 때에는 물기를 털어낸 후에 주도록 한다.

② 햄스터 목욕법

햄스터는 자신의 청결을 유지하기 위해 자주 스스로를 핥아 깨끗하게 한다. 물 목욕을 할 경우 햄스터는 물에 젖으면 추위를 느끼거나 스트레스를 심하게 받을 수 있으므로 햄스터에게 치명적인 영향을 끼칠 수도 있다. 따라서 물 목욕은 하지 않는 것이 좋다. 햄스터를 목욕시킬 때에는 친칠라와 같이 설치류들이 사용하는 친칠라 파우더를 사용해서 자신이 털어낼 수 있을 만큼의 양만 햄스터에게 털어 준다. 그러나 현재 친칠라 파우더는 우리나라에서는 구입이 어려운 상황이기 때문에 친칠라 파우더 대신 전분이나 모래를 이용해서 목욕을 시킨다. 전분 목욕의 경우 몸의 기름기를 빼주지만 햄스터의 건강에 좋지 않다고 알려져 현재는 이용되고 있지 않다. 모래 목욕의 경우 스스로 청결을 유지할 수 있기 때문에 깨끗한 모래를 사용하여 목욕을 하게 하는 것이 좋다.

③ 질병에 걸리기 쉬운 환경

햄스터의 평균 수명은 2년~4년이며, 질병이 있는 햄스터는 예민하게 반응하고 경직된 걸음걸이로 걷거나 움직이기 싫어한다. 햄스터의 질병 원인은 주로 불결한 환경에 의해서 발생하는 경우가 많기 때문에 일정한 주기로 케이지와 그 외 모든 것들을 완전히 소독해 주는 것이 좋다. 햄스터를 만지기 전에는 꼭 손을 깨끗이 씻어야 한다. 주로 바람에 노출되거나 기온이 갑자기 변화할 경우, 깔짚이 젖어 축축한 경우, 무른 먹이나 수분이 많은 먹이만 계속해서 섭취할 경우, 협소한 공간으로 운동량이 부족할 경우 등의 환경에서는 질병 발생 위험도가 증가한다.

4. 햄스터의 품종에는 무엇이 있나요?

햄스터 종류는 다음과 같다.

① 시리안 햄스터(Syrian,Golden)

시리안 햄스터는 시리아 사막에서 발견되어 이름이 붙여졌으며 '골든'이라는 이름은 사막의 모래와 같은 누런 황금빛 때문에 붙여진 이름이다. 꼭 누런색만 있는 것은 아니며 다양한 빛깔과 여러 가지의 털 모양이 있다. 덩치가 큰 편으로 가장 많이 보급된 종이며 몸길이는 15~20cm 정도이고 체중은 100~160g이다. '테디베어', '팬시', '스탠더드'로 3종류가 있다. 골든 햄스터가 제일 흔하고 먼저 발견되었기 때문에 '보통햄스터'라는 의미로 '스탠더드'라고 하기도 한다. 시리안 햄스터를 한 케이지에 두 마리 이상 기르면 서로 싸우기 때문에 각자 따로 키워야 한다.

② 드워프 윈터 와이트 리시안 햄스터(Siberian, Djungarian)

드워프 윈터 화이트 러시안 햄스터는 겨울에는 털빛이 점차 엷어져서 하얗게 변하기 때문에 '윈터 화이트'라는 이름이 붙여지게 되었으며 주요 서식지인 시베리아의 지명을 따서 '시베리안'이라는 이름으로 불린다. '정글리안', '펄', '블루사파이어' 등의 종류가 여기에 속한다. 이 햄스터는 주로 동부 카자흐스탄 남서 시베리아의 풀이 우거진 초원지대에서 서식하며 사람을 무서워하지 않아 누구든 쉽게 키울 수 있고, 몸집이 작아 사육 공간이 좁은 곳에서 기를 수 있다. 다만, 체질상 종양과 비만증에 걸리기 쉽다.

③ 로보로보스키 햄스터(Rorovski)

로보로보스키 햄스터의 서식지는 카자흐스탄 동쪽, 몽고의 서부와 남부, 중국의 흑룡강에서 위그르에 이르는 지역이다. 몸 길이가 4~6cm로 드워프 햄스터 중 가장 작은 햄스터이다. 금갈색의 털 색깔에 독특한 하얀 눈썹을 가져 '사슴 햄스터'라고도 하며 행동이 아주 빠르고 겁이 많아서 길들이기가 어렵다.

④ 켐벨 러시안 햄스터(Campbell)

켐벨 러시안 햄스터의 서식지는 중앙아시아와 북부 러시아, 몽고, 중국 북부의 사막이다. 몸길이는 10~12cm 정도이고 체중은 20~50g 정도이다. 1970년대, 영국에서 애완용으로 소개되었으며 여러 가지 종류가 있다.

⑤ 중국 햄스터(Chinese)

중국 햄스터의 서식지는 중국 북부, 몽고 지방이다. 몸길이는 7~8cm 정도이다. 꼬리가 다른 햄스터보다 길어 쥐로 착각할 수 있으며 국내엔 잘 알려져 있지 않다.

시리안(Syrian)   드워프 윈터 화이트 러시안(Siberian)

로보로브스키(Rorovski)   캠벨 러시안(Campbell)

중국(Chinese)

페럿

1. 페럿의 기원은 언제부터인가요?

페럿은 식육목 족제비과 중에서 유일하게 가축화 된 동물로, 기원전 4세기 무렵부터 해수 퇴치나 사냥용으로 사육되었으며 긴털족제비를 길들인 것으로, 지금은 가정에서 애완동물 또는 가축용으로만 사육된다. 사냥할 때 굴에서 토끼를 몰아내는 페레팅(ferrting)은 로마 시대 이래 유럽에서부터 행하여졌는데 아시아에서는 그보다 훨씬 전부터 있었다. 본격적으로 애완동물로 인기를 끌기 시작한 것은 1970년 전후이다. 최근 '슈퍼 페럿'이라고 불리는 페럿이 생겼는데 이들은 냄새를 분비하는 취선 제거, 중성화 수술, 디스템퍼 예방 접종을 모두 끝낸 페럿들이다.

페럿의 특징을 살펴보면, 페럿은 야행성이지만 낮에도 활동하며 하루에 15시간 정도 잠을 잔다. 애완동물이기 때문에 야성을 잃어버려 야생에서는 살아갈 수 없고, 항문에 취선이 있어 이것을 이용해 영역표시를 하거나 적의 공격을 받았을 때 악취가 나는 액체를 내뿜는다.

페럿을 반려동물로 기르기 위해서는 중성화 수술과 취선 제거 수술이 꼭 필요한데 이는 페럿이 발정기 때 교미를 하지 못하면 성호르몬 과다분비로 면역력에 치명적인 영향을 끼치고, 방귀를 모아두는 취선이라는 기관을 제거하는 수술을 해야 독특한 냄새를 풍기지 않게 된다.

페럿의 신체적 특성을 살펴보면, 페럿은 머리는 작고 둥글며 목은 길고 굵다. 긴 몸통을 가지고 있으며, 구부리기 쉬운 골격구조를 가지고 있어서 머리만 빠져나갈 수 있으면 어느 구멍이라도 빠져 나간다. 털색은 흰색과 검은색이 기본색이지만 은색, 갈색, 적갈색 등 다양하다. 색을 구별할 수 있지만 제대로 볼 수 있는 거리는 15cm 정도밖에 되지 않아 후각과 청각이 발달했다.

페럿

2. 페럿 사육관리는 어떻게 해야 하나요?

페럿 평균 수명은 일반적으로 7~9년 정도이며 사육환경에 따라 평균수명보다 오래 더 살 수 있고 페럿의 사육환경은 다음과 같다.

① 사육케이지

페럿의 사육케이지는 최소 18x18x30인치 이상의 2단 이상의 계단이 있는 케이지로 한다. 케이지 바닥은 세척 가능한 카펫으로 덮어야 하며 세탁할 수 있는 수건이나 담요를 깔아주는 것도 좋다. 케이지 공간은 페럿이 충분히 놀 수 있을 정도의 공간을 갖추고 있어야 하며 페럿은 깨끗한 것을 좋아하므로 케이지 내에 별도의 화장실 공간을 만들어 주는 것이 좋다.

페럿은 장난기가 많기 때문에 케이지 안에 작은 플라스틱 장난감, 공, 헝겊 장난감 같은 것을 넣어주면 좋아한다. 그러나 싫증도 금방 낼 수 있기 때문에 세심한 관리가 필요하다.

페럿은 원래 굴속에서 생활하는 동물이기 때문에 어둡고 아늑한 공간으로 보금자리 상자와 같은 공간을 마련해주면 페럿이 안정감 있는 생활을 하는 데 큰 도움이 된다. 보금자리 상자를 마련해 줄 때에는 길쭉하고 포근한 것으로 선택해 주는 것이 좋다. 만약 마땅한 보금자리 상자가 없을 경우 식료품 통 같은 것으로 충분히 대용할 수 있으며 안쪽에 울이 섞인 헝겊 조각을 넣어주면 방한 용으로도 사용할 수 있다.

페럿은 24시간 동안 케이지에 가둬두면 안 되며, 정신적 스트레스를 해소하기 위해 운동을 하기 위해 케이지 밖에 꺼내 놓아주는 것이 좋다. 다만 이 경우 탈출 가능성이 있으므로 주의해야 한다.

② 먹이

페럿 전용 건식 사료를 먹이는 것이 좋으며 육식의 경우 *Salmonella*와 *Campylobacter* 등의 감염의 근원이 될 수 있는 먹이이므로 급여하지 않는 것이 좋다. 개와 고양이와 달리 약간의 우유는 가능하나 빵과 우유가 주식이 되어서는 안 된다.

페럿은 달콤한 과일을 매우 좋아하기 때문에 바나나 등의 과일들을 간식으로 주어도 좋다. 또한, 페럿은 물을 많이 마시는 편이기 때문에 항상 신선한 물을 공급해줄 수 있도록 해야 하며 먹이를 먹을 때 조금씩 시간을 두고서 먹기 때문에 간식을 줄 때는 나누어서 주도록 한다. 수분이 지나치게 많은 먹이를 줄 경우 설사를 할 수 있기 때문에 주의하여야 한다.

사육 케이지

먹이를 먹는 모습

3. 페럿이 걸릴 수 있는 질병에는 무엇이 있나요?

페럿은 야생에서 토끼와 쥐를 퇴치하기 위해 사육하였으나, 최근에는 반려동물로 키우는 추세이다. 항문에 취선이 있어 영역을 표시하거나 적의 공격을 받을 때 악취가 나는 액체를 내뿜기 때문에 반려동물을 목적으로 기르는 페럿은 항문 분비샘을 수술적으로 제거한 후 기른다. 다음은 페럿에게 걸릴 수 있는 대표적 질병에 대해 알아본다.

① 개 디스템퍼(개 홍역, Canine distemper)

개 디스템퍼는 개과 동물 및 족제비과 동물이 감염되기 쉬우며 페럿에게 가장 위험한 바이러스성 질병으로 개 홍역 바이러스에 의해 발생한다. 이 질병에 걸린 경우 치사율이 100%에 달한다. 감염된 페럿과 접촉하는 것뿐만 아니라 비말에 의해 전염되기도 한다. 감염 증상으로는 감염 후 7~10일 정도 후 40℃ 이상의 고열 및 턱 및 서혜부 부위에 발진 증상이 나타나고 이 외에도 식욕 감소, 콧물 및 재채기 등의 증상이 나타난다. 개와 비슷하게 발바닥이 딱딱해지는 경화증이 발생하기도 한다. 감염 후 12~14일이 지났을 경우 대부분 사망하게 되며 현재까지 치료 방법은 없다. 현재 국내에서 페럿 전용 백신은 수입 허가가 되어 있지 않으며 일부에서는 개에서 사용하는 디스템퍼 백신을 접종하는데 이러한 경우 안전하지는 않다.

② 인플루엔자(Influenza)

인플루엔자는 인수공통전염병 중의 하나로, 사람의 인플루엔자 바이러스 A형과 B형이 페럿에 감염되고 인플루엔자 바이러스는 사람과 페럿 사이에 상호 감염이 가능하다. 보호자가 감기에 걸려 동거하는 페럿에게 전염되는 경우가 많으며 감염 증상의 경우 개 디스템퍼와 유사한 증상을 보이나 심하진 않다. 개 디스템퍼와 달리 사망하는 경우는 거의 없다.

③ 알류산병(Aleutian diease)

알류산병은 일반적으로 밍크 감염에 의해 발생하는, 밍크에서 볼 수 있는 바이러스 질병이다. 대표적인 증상으로는 체중이 감소하고 약해지며 행동이 둔해지는 증상과 병리학적으로 간과 비장이 커지게 되며 육안으로는 질병을 판단하기 어렵다. 치료 방법이 없어 감염된 페럿은 전염을 방지하기 위해 철저한 격리를 실시한다.

④ 피부병

피부병은 어린 페럿에게서 잘 발생하며 밀집 사육하거나 고양이와의 접촉으로 인하여 감염된다. 귀 진드기의 경우 개, 고양이와 비슷하게 귀에서 불쾌한 냄새가 나고 어두운 회색빛이 도는 분비물을 배출한다. 다른 페럿에게 쉽게 전염되기 때문에 다른 페럿들과 격리해서 관리해야 한다.

4. 페럿 모색에 따라 페럿을 어떻게 분류하나요?

페럿의 모색에 따라 다음과 같이 분류한다.

① 세이블(Sable)

세이블은 검정색을 띤 갈색으로 얼굴에 마스크를 낀 것 같은 모습을 하고 있다. 얼굴이 귀여워 많은 인기를 누리는 품종이다.

② 판다(Panda)

판다는 목 위로 흰색이며 아래 목에서 배까지도 흰색인데 등, 꼬리, 발에 짙은 색이 모여 있다. 그리고 희소성이 짙다.

③ 블랙미트(Black Mitt)

블랙미트의 몸은 짙은 밤색이고 세이블과 같은 마스크를 하고 있으며, 흰 턱시도와 흰 장갑의 무늬가 있는 것이 특징이다. 흑백의 대비가 분명하여 귀여운 종으로 인기가 많다.

④ 알비노(Albino)

알비노는 태어날 때부터 색소가 없기 때문에 온몸이 새하얗고 눈이 빨간 페럿이다.

세이블 (Sable)

판다 (Panda)

미트 (Mitt)

알비노 (Albino)

기니피그

1. 기니피그의 기원은 언제부터인가요?

기니피그는 척삭동물문, 포유강, 설치목(*Rodentia*), 천축서과(*Caviidae*), 천축서속(*Cavia*), 기니피그종으로 학명은 *Calvia porcellus*이다.

기니피그는 남아프리카 대륙이 원산지이며 약 3천년 전부터 식용으로 이용되었다. 스페인이 남아메리카를 침략했을 때 전파되었고, 16세기에 네덜란드의 탐험가에 의해 유럽으로 전해졌다. 현재는 기니피그의 높은 번식률과 강한 생존력, 적당한 수명, 순한 성격 등으로 실험동물로 이용되고 있다.

기니피그란 이름은 남아메리카에서 기니피그를 유럽에 데려갈 때 아프리카의 기니에서 왔고 돼지를 닮아서 기니피그라고 불리게 되었다는 유래가 있다. 또 다른 설은 영국에서 기니피그가 처음 나왔을 때 화폐단위 '1기니'로 거래하면서 '기니피그'라고 불리게 됐다는 설이 있다.

일본에서는 기니피그를 모르모트라고 부르는데, 네덜란드에서 기니피그를 비슷하게 생긴 마모르모트로 오해하여 불린 것이 일본에서 그대로 전해져 정착하게 되었다.

기니피그

2. 기니피그의 특성은 무엇인가요?

기니피그의 신체적 특성을 살펴보면, 기니피그는 6개월 정도가 지나면 성장하며 성체의 체중은 950~1200g, 몸길이는 20~35cm 정도이고 수컷이 암컷보다 크다. 몸과 다리는 짧고 다부진 체형을 가졌지만 꼬리는 없다. 앞다리에는 4개의 발가락, 뒷다리에는 3개의 발가락을 가지고 있다. 토끼나 햄스터처럼 앞발을 잘 다루지는 못하며 앞다리가 항상 몸을 지지하는 형태이다. 코는 둥글고 인중이 있어 윗입술을 갈라져 있고 코는 작고 매우 민감하다. 기니피그는 털이 짧고 피부에는 기름샘이 존재한다. 현재는 많은 개량이 진행되어 다양한 털의 색깔과 길이, 여러 종류의 패턴을 가지고 있다.

기니피그의 생리적 특성을 살펴보면, 기니피그의 수명은 4~8년 정도이고 정상 체온은 38.6℃이다. 청각이 매우 발달하였으며 체내에서 비타민 C를 합성을 못하기 때문에 과일이나 채소를 적당히 주는 것이 좋다. 비타민 C가 부족할 경우에는 걷지도 잘 못하고 탈모, 눈도 탁해지는 증세가 나타난다. 초식성으로 먹이가 없거나 영양분이 부족할 때는 자신의 대변을 먹기도 한다. 임신기간은 60~75일로 다른 설치류에 비해 긴 임신기간을 가지고 있다. 기니피그는 성성숙이 빨라 6~10주령부터 성성숙이 시작되며 3개월 정도부터 번식을 시작하여 2~6마리의 새끼를 낳는다.

기니피그의 행동적 특성을 살펴보면, 기니피그는 사회적인 동물로 야생에서는 무리를 이루어 살기를 좋아하며 수컷 한 마리가 여러 마리의 암컷을 거느리고 살아간다. 기니피그는 다른 동물들에 비해 새소리 또는 휘파람과 비슷한 독특한 울음소리를 가지고 있는데 이것으로 동료 간에 신호를 보내며 자신의 기분을 소리로 표현한다. 기니피그는 항문 주변에 기름샘이 많아 엉덩이를 땅에 문질러 자신의 영역임을 표시한다. 또한, 매우 겁이 많기 때문에 아주 작은 소리와 움직임에도 예민하며 놀라기 때문에 최대한 놀라지 않도록 조용한 곳에 케이지를 설치하는 것이 좋다. 기니피그는 설치류로 무언가를 갉아먹는 습성이 있으므로 케이지 안에 씹을 수 있는 장난감이나 나무 등을 넣어서 스트레스를 해소시키게 하는 것이 좋다. 기니피그는 키우기 쉬운 동물이지만 매우 겁이 많은 동물이기 때문에 아주 작은 소리와 움직임에 예민하여 깜짝 놀라므로 최대한 놀라지 않고 안정감을 갖게 해야 한다.

3. 기니피그의 품종의 특징은 무엇인가요?

    기니피그의 모색은 20가지 이상으로 다양하지만 주로 검정색, 흰색, 갈색이 나타난다. 털이 짧은 단모종, 털이 긴 장모종이 있는데 최근에는 털이 없는 무모종도 있다. 현재 미국 기니피그 브리더협회(ACBA)에서 인정한 13개의 다른 품종들이 존재하고 있다. 대표적인 품종으로는 아비시니안(Abyssinian), 아메리칸(American), 코로넷(Coronet), 페루비안(Peruvian) 등이 있다.

아비시니안(Abyssinian)

아메리칸(American)

코로넷(Coronet)

페루비안(Peruvian)

4. 기니피그의 사육관리 방법은 무엇인가요?

기니피그는 다음과 같은 사항을 고려하여 사육관리를 해야 한다.

① 사육환경

기니피그는 건조하고 서늘한 고지대에서 살던 동물로, 기니피그를 키우기 위한 적정온도는 18~23℃ 이내로 유지해 주어야 하며 30℃가 넘지 않도록 해 주는 것이 좋다. 케이지는 항상 청결하게 유지해주고 기니피그가 가장 살기 좋은 습도인 50~60% 정도를 유지한다. 선풍기나 에어컨 바람은 기니피그의 건강에 악영향을 끼칠 수 있으므로 주의해야 한다. 기니피그 수명을 연장하기 위해서는 1년 내내 최적의 온도를 유지시키는 것이 좋다.

② 수면

기니피그 운동은 건강과 체중관리에 아주 중요하며 하루에 20시간 정도를 활동한다. 수면시간은 자고 싶을 때 5~10분 정도 자다가 일어나서 다시 움직이는 것을 반복한다. 기니피그의 수면 시간은 하루의 약 4% 정도로 인간에 비해 굉장히 적은 수면시간을 가진다.

③ 먹이

기니피그는 다른 동물에 비하여 장내 세균이 많으며, 장내 세균의 활동을 위해서는 다량의 섬유질을 급여해야 한다. 먹이는 건초, 과일, 채소, 전용사료 등을 주며 건초로는 알팔파(Alfalfa)와 티모시(Timothy) 건초를 제공한다. 특히 생후 6개월 이후에는 질 좋은 티모시를 이용해 충분한 섬유질을 공급해주는 것이 좋고 임신 중이거나 성장기일 때는 고단백 고칼로리를 함유한 알팔파를 공급해 주어야 한다. 이때 알팔파를 과다 급여할 경우 비만이 될 수 있어 주의해야 한다. 간식으로 채소와 과일을 급여하는 것이 좋으나 당분이 많은 과일을 많이 제공하면 기니피그 비만의 주요 원인이 될 수 있다. 기니피그는 사람처럼 체내에서 비타민 C를 합성하지 못하기 때문에 비타민 C를 별도로 공급해야 하나 기니피그 전용사료에는 비타민 C가 함유되어 있기 때문에 크게 문제는 없다. 물은 항상 충분히 준비해주는 것이 좋으며 채소나 과일 등을 이용해 수분을 보충해 줄 수 있다.

④ 배변

기니피그는 먹는 양이 많아 배설량도 많은 편이므로 배변훈련은 어려운 편이지만 어린 기니피그이거나 성체 암컷의 경우에는 훈련에 성공할 확률이 비교적 높다. 소변 냄새가 심한 편이기 때문에 매일 꾸준히 청소를 해주어야 한다. 기니피그 케이지 안에 기니피그에게 상해를 입히지 않는 재질인 깔집(bedding)을 사용할 경우 소변을 잘 흡수하여 케이지의 위생관리에 도움을 준다.

⑤ 관리

기니피그는 주기적으로 발톱을 관리해 주어야 한다. 관리해주지 않고 방치할 경우 발톱이 길어졌을 때 동그랗게 말리는 경우가 발생할 수 있다. 발톱을 관리해 줄 때에는 발톱에 혈관이 있어 주의하며 잘라주어야 한다. 기니피그가 장모종일 경우 털이 뭉쳤을 때 피부병이 발생할 수 있기 때문에 브러싱을 해주면서 털이 뭉치지 않게 관리해주어야 한다. 귀청소의 경우 일주일에 한번씩 면봉에 기니피그 전용 귀 세척제를 묻혀서 청소해준다. 앞니와 어금니가 같이 자라기 때문에 이갈이를 잘 하고 있는지 매일 관찰해주는 것이 좋다.

5. 기니피그 질병에는 무엇이 있나요?

건강한 기니피그는 활동적이고 코 주변, 귀, 눈이 깨끗하고 털가죽이 비어 있는 부분이 없다. 소변은 맑은 색이며 대변은 갈색이나 검은색의 타원형이다. 기니피그에게 생길 수 있는 대표적인 질병은 다음과 같다.

① 비만

기니피그가 살이 쪄 배가 바닥에 닿는 등 비만 증세가 나타날 수 있다. 예방 방법으로는 사육장을 넓게 만들어 주어 운동량을 증가시키거나 운동기구를 넣어 주어 운동량을 증가시키는 등의 방법이 있고 씨앗이나 견과류 등 지방이 풍부한 먹이를 줄인다.

② 설사

기니피그가 무기력하고 탈수증상을 보이거나 냄새가 심하고 항문 주위에 대변이 묻어 있는 등 설사 증세가 나타날 수 있다. 설사를 예방하기 위해서는 식단을 골고루 공급하고, 수분이 많은 먹이를 피하며 먹이를 청결하게 관리해주는 등의 방법이 있다.

③ 피부병

피부에 원형으로 털이 심하게 빠지거나 등과 엉덩이 부위에 털이 빠지고 비듬이 생기는 등 피부병 증세가 나타날 수 있다. 원인으로는 호르몬 분비 이상, 스트레스, 기생충 감염 등이 원인이다. 피부병이 발생했을 경우 감연 된 개체와 다른 개체들을 분리시켜 피부병이 옮지 않도록 해야 하고 사육장, 운동기구 등 사용된 모든 물품들을 소독한다.

④ 치아 부정 교합

치아가 제대로 맞물리지 않아서 이갈이를 제대로 하지 못할 경우 과도하게 치아가 자라 턱이 맞지 않거나, 선천적 혹은 후천적인 부정교합으로 인하여 치아 부정 교합 증세가 나타날 수 있다. 치아 부정 교합을 예방하기 위해서는 단단한 나무, 미네랄 스톤 등을 제공하여 기니피그가 자연스럽게 치아를 갈 수 있도록 해주거나 치아가 너무 과도하게 자랐을 경우에는 동물병원에 방문하여 치아를 잘라 길이를 맞춰주어야 한다.

⑤ 열사병

기니피그의 체온이 빠르게 오르기 시작하거나 침을 흘리면서 하루 종일 누워있거나 기력을 잃어 반응이 없어지는 등의 증상을 보일 경우 열사병 증세가 나타날 수 있다. 예방 방법으로는 17~25℃로 온도를 맞추어 주고 사육장을 직사광선이 노출되지 않은 곳으로 옮겨 주고 에어컨을 틀어 온도와 습도를 조절해주는 등이 있다.

참고문헌

노진희, 나는 행복한 고양이 집사, 넥서스

동물보건사 교재편찬연구회, 반려동물학, 형설출판사, 2023

박정윤 외 6인, 키티피디아: 고양이와 사람이 함께 사는 세상의 백과사전, 도서출판 어떤 책

양철주 외 18인, 반려동물학개론, 박영사, 2022

오희경 외 5인, 동물보건복지 및 법규, 박영스토리, 2023

오희경 외 7인, 동물보건영양학, 박영스토리, 2023

오희경, NCS 기반 반려견 스타일리스트, 박영스토리, 2022

왕태미, 개와 고양이를 위한 반려동물 영양학, ㈜ 어니스트펫

이키 다즈코, 나이 들어도 내겐 영원히 아깽이, 청미출판사

핫토리 유키, 고양이를 제대로 이해하는 법 고양이는 처음이라, 도서출판 이아소

핫토리 유키, 고양이와 함께 나이드는 법, ㈜살림출판사

찾아보기

오희경

서울대학교 농학박사

전) "K-MOOC 반려견스타일리스트 양성과정 묶음강좌" 총괄

전) 한국동물보건사대학교육협회 교육이사

현) 화성시 제2기 반려동물가족복지위원회 부위원장

반려동물의 이해

초판발행	2024년 2월 28일
지은이	오희경
펴낸이	노 현
편 집	전채린
기획/마케팅	김한유
표지디자인	Ben Story
제 작	고철민·조영환
펴낸곳	㈜ 피와이메이트
	서울특별시 금천구 가산디지털2로 53, 210호(가산동, 한라시그마밸리)
	등록 2014. 2. 12. 제2018-000080호
전 화	02)733-6771
f a x	02)736-4818
e-mail	pys@pybook.co.kr
homepage	www.pybook.co.kr
ISBN	979-11-6519-997-5 93520

정 가   20,000원

박영스토리는 박영사와 함께하는 브랜드입니다.